FLORE ÉLÉMENTAIRE

COMPRENANT

DES NOTIONS DE BOTANIQUE

LA CLASSIFICATION ET LA DESCRIPTION SOMMAIRE

DES FAMILLES ET DES GENRES DE PLANTES

QUI CROISSENT NATURELLEMENT EN FRANCE

PAR C. PIN

Directeur d'École normale, Officier d'Académie

QUATRIÈME ÉDITION

REVUE ET AUGMENTÉE D'UN VOCABULAIRE DES MOTS TECHNIQUES

A-G

PARIS

LIBRAIRIE CLASSIQUE DE F.-E. ANDRÉ-GUÉDON

SUCCESSEUR DE MADAME VEUVE THIÉRIOT

15, rue Séguier, 15

FLORE ÉLÉMENTAIRE

TABLE DES MATIÈRES

PARIS. — IMP. E. CAPIOMONT ET V. RENAULT, 6, RUE DES POITEVINS.

LORE ÉLÉMENTAIRE

COMPRENANT

DES NOTIONS DE BOTANIQUE

LA CLASSIFICATION ET LA DESCRIPTION SOMMAIRE

ES FAMILLES ET DES GENRES DE PLANTES

QUI CROISSENT NATURELLEMENT EN FRANCE

PAR C. PIN

Ancien Directeur d'École normale, Officier d'Académie.

QUATRIÈME ÉDITION

VUE ET AUGMENTÉE D'UN VOCABULAIRE DES MOTS TECHNIQUES

PARIS

LIBRAIRIE CLASSIQUE DE F.-E. ANDRÉ-GUÉDON

SUCCESSEUR DE MADAME VEUVE THIÉRIOT

15, rue Séguier, 15

1882

FLORE ÉLÉMENTAIRE

COMPRENANT

DES NOTIONS DE BOTANIQUE

LA CLASSIFICATION ET LA DESCRIPTION SOMMAIRE

DES FAMILLES ET DES GENRES DE PLANTES

QUI CROISSENT NATURELLEMENT EN FRANCE

PAR C. PIN
Directeur d'École normale, Officier d'Académie

QUATRIÈME ÉDITION
REVUE ET AUGMENTÉE D'UN VOCABULAIRE DES MOTS TECHNIQUES

A-G

PARIS

LIBRAIRIE CLASSIQUE DE F.-E. ANDRÉ-GUÉDON

SUCCESSEUR DE MADAME VEUVE THIÉRIOT

15, rue Séguier, 15

NOTE DE L'AUTEUR

Les clés analytiques de la Flore élémentaire ont été, par les éditions précédentes, soumises à l'épreuve dans plusieurs établissements d'éducation, comparativement avec celles d'autres ouvrages plus étendus. Les personnes compétentes qui en ont fait usage reconnaissent qu'elles conduisent sûrement et plus commodément que la plupart des systèmes employés, à la détermination des familles et des genres de plantes qui croissent naturellement en France.

La flore portative dont nous publions la troisième édition se recommande ainsi, non-seulement aux élèves des écoles qui débutent dans l'étude intéressante des fleurs, mais même aux personnes qui ont à leur disposition, pour les herborisations et le classement des plantes, des flores générales ou locales parce que plusieurs de ces ouvrages sont dépourvus de clés analytiques et supposent que celui qui les emploie, ou connaît à l'aspect tous les genres de végétaux, ou a recours dans les indécisions à un tableau de détermination.

INTRODUCTION

De tous les livres qui peuvent servir à l'éducation de la jeunesse, il n'en est pas de plus intéressant et de plus instructif que le *Livre de la nature*, qui s'adresse à l'esprit et au cœur, en élevant l'âme vers Dieu, son créateur, en provoquant incessamment la curiosité, sollicitant l'attention et la pensée, par l'infinie variété des objets qu'il offre à nos regards, sans produire jamais ni lassitude ni ennui.

Cependant, tandis qu'on s'occupe à faire déchiffrer péniblement au jeune élève les écrits de l'homme, si monotones et si fastidieux pour lui, on néglige d'ordinaire de l'initier à l'art de lire dans ce livre plein d'attraits par la variété et la vie. Aussi, ceux qui apprennent plus tard que tout phénomène naturel a été observé et interprété, que chaque être a été étudié, décrit et classé, regrettent vivement de n'avoir pas su qu'il y avait là de curieuses, d'intéressantes études auxquelles ils auraient employé si volontiers les loisirs de l'enfance, les courses vagabondes dans la campagne.

Si tous les hommes peuvent tirer de l'observa-

tion de la nature d'utiles et salutaires enseignements par les richesses et les beautés qu'elle
recèle, par l'ordre et l'harmonie qui y règnent,
c'est celui qui doit se livrer aux occupations ru-
rales surtout qui pourrait en tirer les plus grands
avantages et y trouver d'agréables délassements à
ses rudes travaux; mais, quand il n'a pas été initié
à cette étude, il ne soupçonne ni les agréments
qu'elle procure, ni les enseignements qu'on peut
en retirer. La plante qu'on ne cultive pas et qui
prend sa place au sol est une mauvaise herbe;
l'insecte dont on ignore les ingénieuses opérations
est une bête inutile, incommode ou dangereuse.
La nature a perdu sa poésie pour le paysan, et il
s'étonne que quelques désœuvrés s'amusent à rechercher un fossile, un insecte, une modeste fleur
sans éclat.

Ceux même qui peuvent jouir des loisirs que
procure l'aisance savent rarement combien il y a
de douces et vivifiantes satisfactions dans l'étude
de la nature et de ses produits, parce que leur
attention n'a pas été dirigée de ce côté; ils igno-
rent le refuge heureux et calme que leur offrirait
la science contre les vaines et irritantes agitations
du monde.

Il y a là un vice de l'éducation. On se renferme
trop exclusivement dans l'étude ingrate des livres,
et on n'apprend pas à observer les faits si féconds

en enseignements; on meuble la mémoire d'une foule de connaissances de convention, et on prive l'esprit du plaisir qu'il goûterait dans les recherches et les découvertes des lois et des harmonies de la nature.

Pour initier les enfants à cette étude et leur en faire apprécier les agréments, il n'est pas nécessaire de prendre sur les autres études, ni d'en prolonger la durée; il suffit de diriger leur attention, pendant les récréations, sur l'organisation d'une plante dont ils admirent la fleur, ou la conformation et l'industrie de l'insecte dont ils suivent les mouvements, en évitant avec eux, les nomenclatures de la science et sa terminologie rebutante. D'un sujet observé, l'élève passe à un autre, fait des rapprochements, établit des distinctions; ses petites découvertes l'encouragent à de nouvelles investigations, la satisfaction qu'il éprouve excite son esprit à un travail plus étendu; il devient observateur, réfléchi, studieux.

Parmi les sciences naturelles, celle dont les débuts sont le plus attrayants est incontestablement l'étude des fleurs. C'est celle que nous nous proposons de faciliter par ce livre élémentaire destiné à guider l'élève dans ses premières observations. Qu'il prenne une plante en fleur, qu'il en effeuille les diverses parties pour reconnaître leur conformation, leur arrangement; il apprendra à

mesure les noms qui servent à les désigner et les
appliquera avec discernement. Comme il importe
de pouvoir appliquer ce travail d'observation et de
détermination à la plante qui excitera la première
la curiosité de l'élève, quelle que soit la région
qu'il habite, nous avons dû comprendre dans la
classification toutes les familles et tous les genres
de végétaux qui croissent spontanément en France
ou qui sont cultivés communément, et nous nous
sommes appuyé sur la Flore française de Mutel,
dont nous avons reproduit les clefs analytiques,
en les appropriant au cadre du livre.

Pour la détermination des espèces de chaque
genre, il sera nécessaire de recourir à un ouvrage
plus étendu. On emploiera avec avantage une flore
locale quand il en existe pour la région.

Beaucoup d'Instituteurs ont compris l'intérêt
qu'il y aurait à former pour leur école une collection des produits de la localité. Plusieurs ont
constaté une complète transformation dans les
habitudes de leurs élèves quand ils ont pris goût à
recueillir et conserver des échantillons des plantes
de la campagne. A la dissipation ou à l'indifférence
ont succédé l'attention et l'amour de l'étude. Les
enfants sont d'infatigables chercheurs; ils ne lais-
seront pas un recoin du sol à explorer, il ne leur
échappera pas le plus petit brin d'herbe, surtout
s'ils savent que leurs récoltes, après avoir été clas-

sées, seront conservées dans l'herbier de l'École avec l'étiquette mentionnant le nom, la date et le lieu.

Pour former cet herbier, il suffit de quelques mains de papier non gommé pour la dessiccation, et de papier ordinaire de grand format pour la conservation. Après avoir choisi les échantillons les plus convenables, on les place sur une feuille de papier, on interpose entre ces feuilles des paquets de papier buvard qu'on remplace chaque jour, en soumettant à une pression graduellement croissante jusqu'à complète dessiccation.

On place alors un ou plusieurs échantillons de chaque espèce dans une feuille de papier ordinaire, en les fixant sur le deuxième feuillet au moyen de bandelettes de papier gommé. Au bas de la page, on colle l'étiquette portant le nom de la famille, celui du genre, l'indication de la date et du lieu où la plante a été recueillie. Sur le premier feuillet, qui abrite la plante, on inscrit le numéro d'ordre de la famille et celui du genre, pour rapprocher plus facilement tous les genres de la même famille, qu'on place sous une chemise commune.

On a ainsi le plus intéressant livre d'images, qu'on ne parcourt pas sans émotion quand on a procédé soi-même à la récolte, à la détermination et à la conservation du végétal. L'album s'accroît

graduellement de nouvelles conquêtes ; la famille
se complète peu à peu. Qu'on est heureux et fier
quand, après de patientes recherches, on parvient
à découvrir tel genre ou telle espèce qui man-
quaient encore à la collection !

Ces occupations ont un attrait croissant qui répand dans l'esprit et le cœur quelque chose de
suave : le caractère devient plus calme, les mœurs
s'adoucissent ; on éprouve la satisfaction intime
d'aimer tout ce qui nous entoure, parce qu'on sait
y discerner des traits particuliers de beauté.

Autant un savoir de mots rend vain et frondeur,
autant cette connaissance, qui résulte d'un contact
habituel avec la nature pour épier ses beautés
cachées, rend simple et modeste. Celui qui sait
goûter ces agréments est porté à la bienveillance ;
le bonheur qu'il éprouve, il tient à le faire par-
tager à tout ce qui l'entoure.

Dénomination. — Dans la dénomination
des genres, nous avons employé de préférence le
nom usuel, en français ; mais comme le nom scien-
tifique, en latin, est principalement usité en botanique et même en horticulture, nous l'avons
inscrit entre crochets lorsqu'il diffère notablement
du nom français.

Abréviations. — Pour abréger les indica-
tions dans la clé analytique, nous avons employé
les initiales; ainsi :

f. ou *fam.* est l'abréviation de *famille.*

g. ou *gen.*	—	*genre.*
esp.	—	*espèces.*
qq. esp.	—	*quelques espèces.*
pl. esp.	—	*plusieurs espèces.*
div. esp.	—	*diverses espèces.*
nomb. esp.	—	*nombreuses espèces.*

FLORE ÉLÉMENTAIRE

BOTANIQUE

La *Botanique* a pour objet l'étude des plantes ; elle fait partie de l'*histoire naturelle*, qui embrasse la connaissance de tous les êtres gisant dans le sein de la terre ou vivant à sa surface.

Ces êtres sont distribués en trois *règnes :* les *minéraux*, qui forment le *règne minéral*, et dont l'étude est l'objet de la *minéralogie ;* — les *végétaux*, qui forment le *règne végétal*, objet de la *botanique ;* — et les *animaux*, formant le *règne animal*, objet de la *zoologie*.

Sous un point de vue plus général, ces êtres se classent en deux groupes : corps bruts, *inorganiques*, dépourvus d'organes et ne constituant pas d'individualité, les *minéraux ;* — êtres vivants, *organisés*, pourvus d'organes et jouissant de la vie qui leur donne une existence distincte ou individuelle, les *plantes* et les *animaux*.

Les corps bruts ne s'accroissent que par rapprochement ou *juxtaposition* de matière ; les êtres organisés se développent par *intussusception* et l'élaboration intérieure des matériaux qui produit une expansion de l'intérieur au dehors.

Ces divers êtres se distinguent par des degrés

ascendants de perfection qui les caractérisent, jusqu'à l'homme, qui occupe le sommet de l'échelle. Le
célèbre naturaliste Linnée a nettement exprimé cette
gradation en ces termes : « Le minéral a l'existence ;
— la plante, l'existence et la vie ; — l'animal, l'existence, la vie, la sensibilité et le mouvement ; —
l'homme, l'existence, la vie, la sensibilité, le mouvement et la pensée. »

La plante forme le degré intermédiaire et la tran-
sition du minéral à l'animal ; elle puise dans la terre,
dans l'eau et dans l'air, les éléments qui la constituent,
et, par les transformations qu'elle leur fait subir, elle
les approprie aux besoins des animaux. Sans les plantes les animaux ne pourraient vivre, car leur organisation ne leur permet pas de s'assimiler directement les substances minérales.

Les végétaux inférieurs et incomplétement organisés, comme les lichens et les mousses, s'attachent aux
roches qu'ils décomposent ou désagrégent ; sur le
sol ainsi préparé se forment les gazons et s'élèvent les
bois qui fournissent à leur tour aux animaux et à
l'homme les matériaux appropriés à leurs besoins.
C'est un travail multiple et continu auquel tous les
êtres prennent part, qui modifie la matière et la rend
propre à d'autres usages.

Par ce concours incessant des éléments et des êtres
inférieurs, l'homme trouve à sa disposition tout ce
qui peut lui être nécessaire. Il extrait du sein de la
terre les pierres et les métaux pour la construction de
sa demeure ; il tire des forêts le bois pour la charpente
et les meubles ; les plantes et les animaux lui fournissent le vêtement, la nourriture et même de précieux
auxiliaires pour ses travaux. Après avoir servi à l'entretien des êtres organisés, les éléments rentrent, par

leur décomposition, dans la matière qui les a fournis, sans que, dans ce courant qui donne la vie à tous, rien ne soit perdu.

Rien n'est perdu, certainement, grâce aux lois providentielles qui président à l'ordre perpétuel des choses, et qu'il est si intéressant d'entrevoir au moins dans leurs effets, quand on ne peut en saisir le plan admirable dans sa puissante unité. Elles révèlent à l'esprit attentif la puissance et la grandeur du souverain Auteur qui a tout créé et gouverne tout dans l'univers suivant les desseins de sa profonde sagesse. En admirant ses œuvres merveilleuses, l'âme le proclame, le bénit et l'adore avec bonheur.

L'homme sait-il au moins tirer profit de tout ce que la nature met si généreusement à sa disposition ? Chaque fois que l'aiguillon du besoin l'excite, il fait quelques recherches et il trouve ; mais, le besoin satisfait, il cesse ses recherches. Si quelques esprits avides de connaître la vérité n'avaient dirigé leurs observations patientes vers l'étude de la nature, que connaîtrions-nous des merveilles et des ressources qu'elle renferme ? Fort peu, sans doute.

On n'a élevé des bestiaux que lorsque l'on n'a plus trouvé dans la chasse ou la pêche des aliments suffisants ; on n'a commencé à cultiver la terre que lorsque les troupeaux ne trouvaient plus de pacages assez riches dans les gazons naturels ; on n'a planté et amélioré les diverses espèces d'arbres fruitiers que lorsqu'on a voulu se procurer des satisfactions nouvelles. Successivement, on a acclimaté dans la région que nous occupons des plantes étrangères ; par des soins intelligents, on a donné plus de développement et de valeur aux produits indigènes. Le végétal, comme l'animal domestique, s'est soumis à la main

de l'homme, et s'est plié à ses goûts en payant largement ses peines. Le pommier, le poirier, le cerisier
sauvage donnent-ils des produits comparables à ceux
de nos vergers? Si on abandonnait sans culture la
vigne et le blé, pourraient-ils nous fournir le pain et
le vin qui nous sont nécessaires? Les produits dé-
pendent du travail, et le succès du travail dépend du
degré d'intelligence qui y préside. C'est la main qui
doit agir; c'est l'intelligence qui doit la diriger, pour
obtenir des résultats satisfaisants.

Il n'est donc pas inutile, tant pour l'agrément de
l'esprit que pour l'intérêt matériel, d'étudier les plantes et leur organisation, pour les connaître, les cultiver et les employer suivant nos besoins ou nos
goûts.

LES PLANTES.

La plante, ou le végétal, est un être organisé qui
naît d'une semence ou d'un germe, se fixe au sol et
s'étend dans l'air ou dans l'eau pour puiser, dans ces
milieux, les éléments nécessaires à son existence, se
développe et vit pendant une période de durée va-
riable, meurt et se décompose, après avoir pourvu à
la reproduction d'autres plantes semblables par des
semences qui la multiplient.

Il y a une grande diversité de plantes dont l'organisation et la durée varient comme l'aspect, depuis
l'humble mousse qui tapisse le rocher humide, jusqu'au chêne superbe qui élève ses rameaux dans les
airs. Considérons un pommier ou un poirier cultivé
dans des vergers; il nous fournira un type convenable pour observer les organes communs à tous les
végétaux qu'il est le plus utile de connaître.

On a semé dans une pépinière un pépin de pomme ;
sous l'influence de l'humidité du sol et de la chaleur,

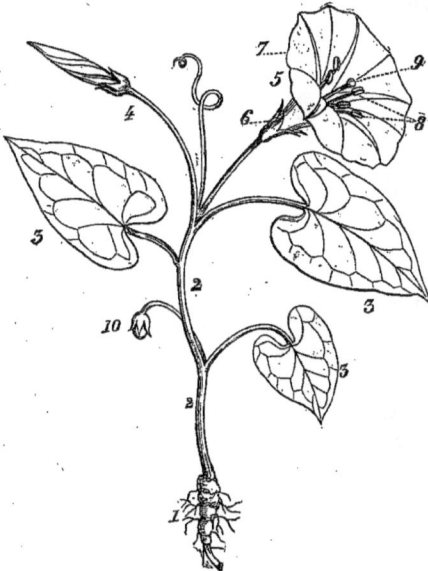

LISERON (CONVOLVULUS)

1. Racine.
2. Tige.
3. Feuilles.
4. Fleur en bouton.
5. Fleur épanouie.
6. Calice.
7. Corolle.
8. Étamines.
9. Pistil.
10. Fruit.

la graine s'est gonflée et a donné naissance au petit
arbre qui s'est développé graduellement, en se rami-

fiant et se couvrant de feuilles. L'arbre était trop à l'étroit pour le développement qu'il devait acquérir ; on l'a extrait de la pépinière et on l'a transplanté à la place qu'il doit occuper définitivement, en ayant soin de bien sauvegarder les racines qu'il avait formées.

Le végétal a donc une partie souterraine, qui forme sa *racine*, par laquelle il se fixe au sol et y puise des sucs nécessaires à son existence, et une partie extérieure ou aérienne, qui forme la *tige*, avec ses rameaux et ses feuilles, pour recevoir l'influence de la lumière et absorber les gaz, qui ne lui sont pas moins indispensables que les sucs du sol.

Plus tard, quand il a acquis un développement suffisant pour résister aux intempéries, le pommier se pare de *fleurs* qui naissent de petits *bourgeons*, sur les rameaux, et auxquelles succèdent des *fruits*.

Les organes essentiels du végétal à son état complet sont donc :

La *racine*, qui le fixe au sol, en se ramifiant et s'étendant de plus en plus pour puiser les substances liquides et minérales propres à son entretien ;

La *tige*, qui s'élève et se ramifie dans l'atmosphère, pour prendre dans l'air les substances gazeuzes également utiles à son existence ;

Les *feuilles*, par lesquelles il tamise les vapeurs et les gaz qui doivent, par la respiration, lui fournir les éléments les plus importants ;

Les *fleurs*, qui lui servent de parure pendant quelque temps et préparent la fructification ;

Les *fruits*, qui fournissent une précieuse ressource à l'alimentation de l'homme ou des animaux, et qui renferment les semences destinées à reproduire d'autres végétaux.

La tige et la racine, qui naissent directement et simultanément du germe de la graine, donnent elles-mêmes naissance à des ramifications, aux feuilles, aux fleurs et aux fruits par de petits renflements, sous forme d'œil, qu'on nomme *bourgeons*.

Ces organes essentiels, qui varient beaucoup de forme, de grandeur et d'arrangement, suivant les espèces de végétaux, sont classés en deux groupes par leur fonction ou leur destination spéciale.

Les uns concourent au développement de la plante, à sa conservation, comme la racine, la tige et les feuilles; on les appelle *organes de nutrition*, parce qu'ils puisent dans les milieux où ils sont placés les matériaux nécessaires à la nourriture du végétal, les préparent, les combinent et les font circuler dans toutes les parties pour pourvoir à leur entretien et à leur développement.

Les autres, fleur et fruit, concourent à la fructification et à la production des semences qui donneront naissance à d'autres plantes; on les appelle pour cela *organes de fructification* ou de *reproduction*.

Les premiers ont pour attribution l'entretien et le développement de l'individu végétal; les derniers, sa propagation. Nous les examinerons successivement en suivant cet ordre.

ORGANES DE NUTRITION

RACINE.

On peut distinguer, dans la plupart des racines, plusieurs parties plus ou moins tranchées ou développées : le plan de démarcation entre la racine et la

tige, qu'on nomme *collet,* ou *nœud vital;* — le corps
principal ou *base,* qui émet plusieurs filaments; —
les fibres ou *radicelles,* qui prennent le nom de *che-
velu* quand elles sont fines et rapprochées, et qui se
terminent par une partie molle, spongieuse, formant
ce qu'on nomme les *spongioles* et le *suçoir,* qui pom-
pent les sucs dans le sol.

Par leur *conformation* générale, les racines sont
dites : *simples,* si toutes les ramifications partent du
même corps; — *composées,* si plusieurs corps se rattachent au collet, comme celles du dalhia.

RACINES

Rameuse   Fibreuse.   Bulbeuse.

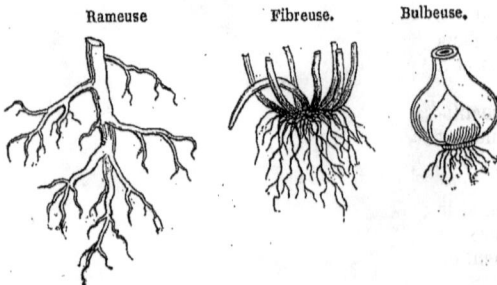

Par leur *disposition* et leur *forme,* on les appelle :
fibreuses, quand elles n'ont que de minces filaments,
comme le blé; — *bulbeuses,* quand le corps est formé
de tuniques superposées, comme l'oignon, ou de *bul-
bes* juxtaposées, comme les *caïeux* de l'ail; — *granu-
lées,* ou en *chapelet,* quand elles présentent des étran-
glements et des renflements alternatifs comme dans
la filipendule; — *fusiformes,* quand elles sont allongées en fuseau, comme la carotte; — *napiformes,*

quand elles sont aplaties, comme dans le navet et la rave.

Suivant leur *direction*, on dit qu'elles sont : *pivotantes*, quand elles s'enfoncent verticalement dans le sol; — *horizontales*, si elles s'étendent parallèlement à la surface; — *obliques*, si elles s'enfoncent en s'inclinant.

Suivant leur *durée* et la vie de la plante, elles sont : *annuelles*, si elles se développent et périssent la même année (blé); bisannuelles, si elles vivent deux ans, les fleurs et les graines n'apparaissent que la deuxième année (chou); — *vivaces*, si elles subsistent plus de deux ans.

Il est des parties souterraines des plantes qui n'appartiennent pas à la racine, mais à la tige, comme les tubercules ou pommes de terre, qui sont des renflements contenant beaucoup de fécule, ou encore les nodosités de l'iris et d'autres plantes. On reconnaît que ces parties appartiennent à la tige en ce qu'elles portent des œils ou bourgeons dont le développement fournit des tiges, et qu'en les exposant à la lumière elles se colorent en vert.

En pénétrant à des profondeurs inégales et prenant des directions différentes, les racines permettent à plusieurs plantes d'espèces diverses de prospérer en même temps sur le même point du sol, parce qu'elles vont puiser les sucs dont elles ont besoin dans des couches différentes. C'est ce qui explique comment la culture de la même plante sur le même terrain, pendant plusieurs années consécutives, l'appauvrit par épuisement des sucs qui lui conviennent, tandis que le sol demeure productif si on fait succéder à des plantes dont la racine pénètre profondément, comme la luzerne, d'autres plantes à racines

courtes, comme la rave; ou à celles dont la racine
est forte et compacte, comme la betterave, celles à racine faible et fibreuse, comme le blé. Ces plantes,
puisant successivement leurs sucs sur divers points,
peuvent prospérer les unes après les autres: considé-
ration importante dans la rotation des cultures.

Certaines plantes rejettent par les racines des substances qui ne leur conviennent pas et le sol devient
impropre à l'entretien des mêmes espèces, tandis que
d'autres espèces s'accommodent très-bien des substances rejetées par les premières.

Quoiqu'en général les racines se logent dans la
terre, il est des plantes dont les racines flottent dans
l'eau, comme les lenticules; d'autres qui, comme le
lierre, se cramponnent aux murs, ou, comme le gui,
s'implantent sur des arbres, ou, comme les oroban-
ches, se fixent à la racine de plusieurs végétaux. Ces
plantes, qui vivent aux dépens d'autres en pompant
leurs sucs, sont dites *parasites*.

Quelquefois de divers points de la tige poussent
des racines aériennes qu'on nomme *adventices*, et qui,
se fixant au sol, donnent naissance à d'autres indivi-
dus qu'on peut détacher de la plante mère, comme
les *coulants* du fraisier. D'autres fois, des fragments
de la tige, implantés dans le sol, y prennent racine.
On utilise ces propriétés pour multiplier certains végétaux par *marcottage*, ou par *bouturage*.

Quand on détache une branche, comme un scion
d'osier ou de saule, et qu'on l'enfonce en terre où il
prend racine, on fait une *bouture*; si, avant de détacher
la branche de la plante mère, on la recourbe dans
le sol pour lui faire pousser des racines, comme pour
le groseiller ou la vigne, on fait une *marcotte*. Le
provignage, appliqué à la multiplication de la vigne,

repose sur le même procédé que le marcottage.

Les racines de diverses plantes sont utilisées pour différents usages. Les unes servent à la nourriture de l'homme ou des animaux à cause des fécules qu'elles renferment : la carotte, le navet, la rave, le rutabaga, l'oignon, l'ail, etc., entrent directement dans les préparations culinaires ; la betterave fournit abondamment du sucre ; les tubercules d'orchis renferment une substance très-nutritive dont les orientaux tirent le salep. Plusieurs, et particulièrement la garance, fournissent à l'industrie des principes colorants. La pharmacie utilise comme médicaments les propriétés émollientes des racines de la mauve et de la guimauve ; toniques, de la gentiane et de la bardane ; stimulantes, du cochléaria ; vulnéraires, du tamier ; dépuratives, du smilax ou salsepareille.

Les racines acquièrent un développement proportionné à celui de la tige. Pour assurer le développement de la tige, il faut que les racines puissent trouver un sol libre et convenablement meuble : de là, la nécessité de labours d'une profondeur en rapport avec celle que doivent atteindre les radicelles.

Avant de manifester son existence au dehors par ses rameaux, le végétal s'étend et se fixe à l'intérieur du sol, afin de pouvoir résister aux accidents extérieurs, aux rafales du vent, aux atteintes d'une chaleur ou d'un froid qui lui seraient nuisibles. La prudence et la sagesse imposent à l'homme la même précaution. Avant de se produire et d'exercer son action au dehors, il doit développer au sein de la famille les vertus morales, et se fortifier par l'éducation et l'instruction. Serait-il moins prévoyant que l'être privé d'intelligence et de liberté !

TIGE.

La tige est la partie la plus développée de la plupart des végétaux ; elle s'élève dans l'air, se ramifie ordinairement et porte les bourgeons, les feuilles, les fleurs et les fruits.

En examinant la tige du pommier ou d'un arbre de nos forêts, on reconnaît facilement diverses parties concentriques. A l'extérieur, l'*écorce* dans laquelle se succèdent : une mince membrane externe, qu'on nomme *épiderme* ; — une couche verte et tendre, ou enveloppe herbacée, qu'on nomme *moëlle externe* à cause de la mollesse de son tissu ; — des feuillets minces qui forment ce qu'on nomme *liber*, ou *couches corticales*.

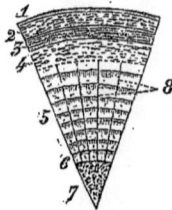

COUPE D'UN TRONC D'ARBRE

1. Épiderme.   5. Corps ligneux.
2. Moëlle externe.   6. Étui médullaire.
3. Liber.   7. Moëlle.
4. Aubier.   8. Rayons médullaires.

A l'intérieur, après avoir détaché l'écorce, on rencontre successivement : d'abord un bois tendre, encore imparfait, qui résulte des dernières couches de la séve, et qu'on nomme *aubier* ; — puis des couches concentriques de bois plus consistant, c'est le *bois* proprement dit ; — enfin, au centre, une substance spongieuse, qu'on nomme la *moëlle,* et qui est renfermée dans l'*étui médullaire.* Une communication s'établit entre la moëlle et l'aubier par des fissures continues qu'on observe facilement dans un tronc de sapin et qu'on désigne sous le nom de *rayons médullaires.*

La séve dépose, chaque année, entre l'écorce et le corps ligneux, une nouvelle couche qui donne au végétal l'accroissement en épaisseur et en hauteur. On peut compter les années d'un arbre en comptant le nombre des couches concentriques du bois sur une section faite à la base du tronc. La puissance relative des couches superposées permet même de juger du degré d'abondance de la séve et par conséquent du degré de fertilité de chaque année.

Les proportions relatives des diverses parties de la tige ne sont pas les mêmes dans les différentes espèces de plantes. Tandis que la moëlle occupe la plus grande partie du tronc du sureau, elle est à peine apparente dans un vieux chêne. Abondante, en général, pendant le jeune âge du végétal, elle devient consistante comme le bois dans les vieux arbres.

Le corps ligneux est surtout utilisé pour les constructions. La disposition des fibres forme chez quelques arbres des nervures ou des marbrures d'un bon effet pour le placage des meubles. Dans certaines essences il durcit peu, comme dans le peuplier et le tremble, qu'on appelle, à cause de leur faible consistance et de leur couleur, *bois tendre,* ou *bois blanc.*

L'écorce de quelques plantes est filamenteuse et

2

sert à préparer des matières textiles, comme le lin, le chanvre, l'ortie. Dans le chêne-liége les couches corticales sont très-épaisses, et fournissent des plaques de liége qu'on détache après une période de dix ans.

La structure et la consistance des tiges varie beaucoup suivant les classes des végétaux : ainsi la tige des arbres, ferme et résistante, est dite *ligneuse;* celle de la plupart des plantes annuelles, molle et compressible, est dite *herbacée.* Quelquefois, comme dans le prêle, la tige présente des canaux longitudinaux : on dit qu'elle est *fistuleuse;* ou, comme dans le champignon, il n'y a pas de fibres : on dit qu'elle est *spongieuse.*

On donne le nom de *tronc* aux tiges ligneuses de nos arbres à rameaux : elle est cylindrique et terminée en cône; — de *sarments,* aux tiges tortueuses qui, comme la vigne, ont besoin de supports pour se soutenir; — de *chaume,* à celles du blé et autres graminées, qui sont creuses avec des nœuds ou articulations; — de *stipe,* à celles d'une classe nombreuse de végétaux des régions tropicales, qui, comme le palmier, sont terminés par un faisceau de feuilles, sans rameaux, et qui ne s'accroissent qu'en hauteur.

Suivant leur taille et la disposition des rameaux, les plantes ligneuses portent le nom d'*arbres,* si elles vivent longtemps, acquièrent une grande élévation et ne se ramifient qu'à une hauteur notable au-dessus du sol; d'*arbrisseaux,* si elles s'élèvent peu et sont plus faibles; d'*arbustes,* si elles restent basses et se ramifient au sortir du sol.

La tige est quelquefois souterraine et n'émet au-dehors que des feuilles, comme la fougère; ou des feuilles et des fleurs, comme le narcisse, l'iris. Cette tige souterraine porte le nom de *souche*, ou de *rhizome*; le support des fleurs prend alors le nom de *hampe*.

Suivant sa direction, on dit que la tige est :

Fastigiée, si elle s'élève verticalement et dirige sa pointe vers le ciel (peuplier, sapin);

Ascendante, si elle est inclinée à la base et s'élève ensuite (plusieurs plantes arborescentes);

Grimpante, si elle s'attache aux corps voisins (lierre);

Volubile, si elle s'enroule autour d'autres plantes (liseron);

Rampante, si elle s'étend sur le sol sans s'enraciner (melon);

Traçante et *stolonifère,* si elle s'étend sur le sol et y prend racine par des *stolons* (fraisier).

En considérant la forme et la surface de la tige des plantes, on les désigne sous les qualifications de :

Cylindrique, si elle est uniformément arrondie, sans dépression ;

Anguleuse ou *polygonale,* si elle forme des saillies et si la section donne un polygone, *quadrangulaire* dans les labiées, *triangulaire* dans les carex ;

Comprimée, si elle est aplatie sur deux faces opposées ;

Noueuse ou *articulée,* si elle est formée de parties articulées par des nœuds (blé);

Striée, sillonnée ou *cannelée,* si elle est creusée de petites raies, de sillons ou de cannelures ;

Nue, si elle est dépourvue de feuilles et d'écailles, ou d'épines ;

Épineuse, si elle porte des épines ou des aiguillons;

Glabre, si elle est dépourvue de poils et de duvet;

Pubescente ou *velue, cotonneuse, tomenteuse,* si elle

porte des poils ou un duvet irrégulièrement disposés ;

Hérissée, si elle porte des poils roides disposés en lignes ;

Glauque, d'une couleur vert-bleuâtre.

Maculée, couverte de taches (ciguë).

L'accroissement des tiges vivaces se fait à la fois en hauteur et en épaisseur, comme par la superposition de cornets ou de cônes qui se couvrent les uns les autres. Si on veut que la tige s'élève, on élague l'arbre en retranchant les branches inférieures ; si on veut augmenter la ramification et multiplier les branches pour l'ombrage et la fructification, on tranche la cime du tronc et on rabat les rameaux. Par la taille on impose au végétal la forme qu'on désire lui donner et on détermine la production de bourgeons à fruit. Sous une main intelligente et expérimentée la séve se distribue à volonté, l'arbre prend les formes les plus variées.

FEUILLES.

Les feuilles naissent sur la tige ou ses rameaux, jamais sur les racines. Quand elles semblent s'insérer sur la racine, c'est que cette racine, sous forme de souche, de rhizome, de bulbe, ou de tubercule, est une véritable tige souterraine.

Suivant leur point d'attache, les feuilles sont :

Séminales ou *cotylédons*, si elles apparaissent sur la plantule au moment de la germination ; elles résultent des lobes de la graine, diffèrent par leur forme des feuilles ultérieures et disparaissent aussitôt que le végétal a commencé son existence aérienne ; ces cotylédons se remarquent très-bien dans le haricot ;

Radicales, si elles partent du collet de la plante, ou d'une souche souterraine (oignon) ;

Caulinaires, si elles naissent sur le tronc de la tige (chou);

Ramaires, si elles poussent sur les rameaux (arbres);

Florales, si elles se trouvent à la base des fleurs ; on les désigne sous les noms de *bractées, spathe,* ou *involucre.*

Dans la plupart des feuilles, comme celles du pommier, du poirier, on distingue : un support mince, plus ou moins allongé, c'est le *pétiole ;* — une partie mince élargie, ou *limbe;* — et, souvent, des gaînes à

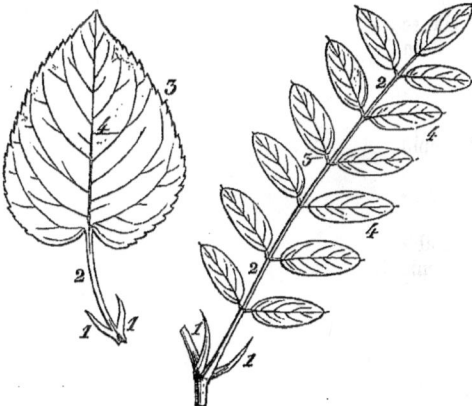

FEUILLE SIMPLE   FEUILLE COMPOSÉE

DE POIRIER.   DE ROBINIER, FAUX-ACACIA.

1. Stipules.	3. Limbe.	1. Stipules.	3. Pétiolules.
2. Pétiole.	4. Nervures.	2. Rachis.	4. Folioles.

la base du pétiole, ou des folioles, qu'on nomme *stipules,* très-apparentes dans le rosier et les légumineuses. Les stipules paraissent servir à protéger la feuille lors de son apparition.

Le pétiole, plus ou moins allongé ou élargi, peut être *cylindrique*, ou *déprimé*, aplati aux côtés opposés, ou *canaliculé*, creusé en forme de canal (épinard). Si le pétiole manque, la feuille est dite *sessile*; quelquefois, alors, le limbe embrasse la tige (ombellifères), l'engaîne (blé), ou même la tige semble traverser la feuille (buplèvre à feuilles rondes); on désigne ces feuilles comme *embrassantes, engaînantes, perfoliées.* Si la feuille est étroite et fine, en aiguille, comme pour le pin, on dit qu'elle est *aciculaire*; si elle se prolonge sur la tige au-dessous de l'insertion, on l'appelle *décurrente.*

Dans la partie élargie, ou le limbe, on distingue :

Les *nervures*, qui forment la charpente ;

Le *parenchyme,* matière molle et verte qui remplit les interstices;

L'*épiderme*, mince membrane qui recouvre le parenchyme sur les deux faces ;

Les *faces*, ou *pages* : supérieure ou interne, habituellement nue ; inférieure ou externe, souvent garnie de poils ;

La *base*, partie inférieure du limbe, par laquelle il se rattache au pétiole;

Le *sommet,* extrémité opposée au pétiole ;

Les *bords*, ou contour; il est uni, ou denté, crénelé, sinué.

En comparant une feuille de pommier avec une feuille de haricot, on reconnaît que la première n'a qu'un pétiole et un limbe, tandis que la seconde a plusieurs parties se rattachant au pétiole commun par de petits pétioles. La première feuille est *simple,* la deuxième *composée.*

La feuille simple, quoique n'ayant qu'un seul pétiole duquel partent toutes les nervures, peut être divisée en *lobes*, découpures arrondies et larges (figuier); — en *segments*, découpures touchant à la nervure médiane; — en *fissures*, découpures aiguës; — en *partitions*, découpures profondes et fines; la feuille est *pennatifide*, si ces divisions sont minces et profondes.

Dans les feuilles composées, on appelle : *rachis*, le pétiole commun; — *pétiolules*, les petits pétioles qui s'y rattachent; — *folioles*, les feuilles secondaires. Suivant la disposition des folioles et de leurs pétiolules, les feuilles sont dites : *palmées,* si les divisions partent du même point, comme pour le marronnier; — *pennées* ou *ailées,* si les folioles sont disposées de chaque côté du rachis, comme le robinier, faux-acacia; elles sont *paripennées* si le nombre des folioles est pair, *imparipennées* s'il est impair.

La disposition des nervures fait qualifier les feuilles : *nervées,* ou *penninervées,* si les nervures sont disposées comme les barbes d'une plume (saule); — *palmées,* ou *palmatinervées,* si les nervures sont disposées comme les doigts de la main (vigne); — *peltées,* ou *peltinervées,* si elles sont disposées en forme de roue (capucine).

Suivant la forme générale du limbe ou de son contour, les feuilles sont dites : *orbiculaires, ovales, elliptiques,* si elles sont arrondies et plus ou moins allongées; — *obovales, oblongues,* si l'ovale est peu prononcé; — *spatulées,* si elles sont en lame qui s'élargit et s'arrondit au sommet; — *linéaires,* si elles sont allongées et étroites dans toute la longueur; — *lancéolées, sagittées, hastées,* si le sommet est en forme de lance, de flèche ou de pique; — *obtuses,* si le sommet est émoussé; — *aiguës*, s'il est en pointe; — *mucronées*, si le sommet se termine brusquement en pointe fine; — *cordiformes*, *réniformes*, *cunéiformes*, en forme de cœur, de rein, de coin; — *triangulaires*, *rhomboïdales*, *polygonées*, en forme de triangle, de lozange, de polygone; — *entières*, *dentées*, *crénelées*, *lyrées*, *roncinées*, *laciniées*, suivant que le pourtour est uni, ou formé de dents, de crénelures, profondément incisé et déchiré; — *pertuses* ou *perforées*, si elles ont des points transparents (millepertuis); — *ridées*, *crépues*, *boursouflées*, si la surface forme des rides, des replis, des renflements.

Les feuilles des végétaux vivaces se renouvellent généralement chaque année; mais, pour quelques-uns, elles persistent pendant une plus longue durée; on nomme *tombantes* ou *décidues*, celles qui tombent périodiquement chaque année; — *caduques*, celles qui tombent avant d'être flétries; — *marcescentes*, celles qui se dessèchent avant de tomber; — *persistantes*, celles qui ne tombent que lorsqu'elles sont remplacées.

Sur les tiges ou les rameaux, les feuilles occupent diverses positions relatives qui se rattachent à un ordre genéral nommé *philotaxie*.

Elles peuvent être : *opposées*, placées deux à deux à la même hauteur, en face l'une de l'autre; — *alternes*, placées à des hauteurs différentes, l'une d'un côté, l'autre de l'autre côté; — *verticillées*, placées en collerette autour de la tige à la même hauteur; — *unilatérales*, sur une seule ligne du même côté; — *distiques*, sur deux lignes parallèles de chaque côté; — *géminées*, naissant deux à deux du même point; — *fasciculées*, réunies en faisceau au même point; — *éparses*, dispersées sans ordre apparent.

Il est utile, surtout pour la taille des arbres fruitiers, qui se fait avant l'apparition des feuilles, de se
rendre compte de la disposition qu'elles prendront.
On a reconnu qu'elles forment un cycle en spirale,
ayant toujours, pour la même espèce, le même nombre de feuilles à chaque tour de spire. Les cycles sont
représentés par les fractions suivantes :

$$\frac{1}{2} \quad \frac{1}{3} \quad \frac{2}{5} \quad \frac{3}{8} \quad \frac{5}{13} \quad \frac{8}{21} \quad \frac{13}{34} \quad \frac{21}{55} \quad \frac{34}{89}$$

dans lesquelles les numérateurs indiquent le nombre
de tours de spire avant le retour d'une feuille sur la
même ligne verticale, et les dénominateurs le nombre de feuilles de la spire. Les termes de ces fractions
successives représentent la somme des termes corres-
pondants des deux fractions précédentes.

Fonctions des feuilles. — Les feuilles jouent un
rôle important pour l'entretien et le développement
des végétaux, en attirant la séve dans la partie supérieure de la tige, en exhalant, sous forme de vapeur,
l'eau qu'elles ont en excès, en puisant l'acide carbonique dans l'atmosphère et y rejetant l'oxygène qui
ne leur est pas utile.

C'est par des *stomates*, ou suçoirs, placés en grand
nombre à leur face inférieure, et sous l'action de la
lumière du jour, que se fait l'*absorption* ; tandis que
les *exhalations* ont lieu surtout à l'obscurité et pendant la nuit. Par une disposition qui manifeste l'ordre providentiel dans la nature, les plantes utilisent
le gaz acide carbonique que les animaux rejettent, et
rendent à l'atmosphère l'oxigène dont les animaux
ont besoin ; elles épurent ainsi l'air que nous respi-
rons et concourent à l'harmonie générale, qui, par
des échanges continuels, maintient l'équilibre des

éléments au profit commun de tous les êtres vivants.

La végétation assainit un pays, non-seulement par l'absorption des matières putrides qui se dégageraient du sol, mais encore en entretenant une humidité convenable, une température plus douce, et en épurant l'air atmosphérique. Ceux qui ont parcouru les campagnes bon matin savent combien est vivifiant l'air des forêts, surtout à l'aurore des jours de l'été.

Les feuilles de plusieurs végétaux semblent jouir d'une sensibilité qui se manifeste à des degrés plus ou moins prononcés dans toute plante. Sans nous arrêter à la sensitive, qui replie ses feuilles au moindre contact, ou à l'attrape-mouche, qui emprisonne l'imprudent insecte qui se pose sur sa feuille, nous constatons facilement que, par un temps pluvieux, les feuilles de l'oxalide, des trèfles et de la plupart des légumineuses, se replient comme pour se recouvrir mutuellement.

Emploi des feuilles. — Les feuilles servent à l'alimentation et à la litière des animaux; par leur décomposition, elles forment dans le sol le *terreau* ou *humus* qui le fertilise; plusieurs servent d'aliment à l'homme, chou, laitue, épinards; quelques-unes sont utilisées en pharmacie pour divers médicaments.

BOURGEONS.

Durant la végétation des plantes vivaces, on voit apparaître, sur leur tige ou les branches, de petits renflements désignés sous les noms d'*yeux* ou *boutons*, qui grossissent graduellement, et qui, au prin-

temps suivant, donnent des rameaux ou des feuilles ;
ces jeunes pousses sont des *bourgeons*. Comme on
peut l'observer facilement sur les bourgeons du marronnier, qui sont très-volumineux, ils sont recouverts
d'écailles vernies et imbriquées et garnis intérieure-
ment d'une bourre pour protéger les jeunes pousses
contre le froid et l'humidité.

BOURGEON TERMINAL D'ÉRABLE.

Les bourgeons, suivant les espèces de végétaux,
apparaissent sur la tige, sur les rameaux ou sur les
souches ; on nomme :

Axillaires ou *latéraux*, ceux qui naissent sur la
tige et donnent des rameaux ;

Terminaux, ceux qui produisent le prolongement
de la tige ou des branches ;

On les appelle : *drageons* ou *rejetons*, quand sa
poussent sur les tiges souterraines ou traçantes ; —
caïeux, dans l'ail ou la tulipe ; — *bulbilles*, dans l'oignon ; — *yeux*, dans les tubercules ; — *turions*, dans
les asperges.

Pour la taille des arbres fruitiers, il faut distinguer
les bourgeons *florifères*, qui donnent des fleurs et des
fruits, des bourgeons *foliifères*, qui donnent des
feuilles et des branches, et des bourgeons *mixtes*, qui
donnent à la fois des fleurs et des feuilles. Les pre-

miers sont renflés et ovoïdes, les seconds fluets et aigus. On peut, en faisant refluer la séve sur un point, ou en arrêtant sa marche, transformer la production des boutons, et même en faire naître à tel point voulu, afin de faire produire des branches qui manqueraient dans la symétrie générale de l'arbre.

On nomme, en arboriculture :

Gourmands, les bourgeons à bois qui poussent dans le sens vertical avec une grande vigueur, et absorbent la séve au détriment des autres parties ;

Brindille, une branche faible et flexible qui s'étend horizontalement et provient d'un bourgeon peu vigoureux ;

Dard, un jet court, droit et roide ;

Lambourdes, des jets qui s'allongent peu, mais sont assez forts et portent beaucoup de fruits.

L'horticulteur habile sait supprimer à temps les bourgeons improductifs qui épuiseraient le végétal au détriment des bourgeons fructifères. En changeant la direction des branches, on peut modifier le courant de la séve, l'accélérer en relevant les branches pour former du bois, la retarder en fléchissant les branches, pour donner naissance à des bourgeons à fruits. Les espaliers, auxquels on fixe les arbres fruitiers, permettent de diriger leur développement à volonté en vue de la production.

Il est intéressant d'observer comment les feuilles sont disposées dans les bourgeons d'où elles se dégagent peu à peu au printemps ; on reconnaît dans cette disposition, et l'expansion qu'on nomme *préfoliation* ou *vernation*, des modes divers d'arrangement, suivant les espèces, qui démontrent combien la nature est riche en procédés et ingénieuse dans ses œuvres.

On groupe en trois modes les arrangements des feuilles dans les bourgeons :

1er mode. *Préfoliation droite* : feuilles sans pli, appliquées face à face (mélisse).

2e mode. *Préfoliation pliée* : à feuilles *réclinées* : re pliées du sommet sur la base (aconit); — à feuilles *condupliquées,* repliées une moitié latérale sur l'autre (syringa); — à feuilles *plissées*, repliées sur les nervures en éventail (vigne).

3e mode. *Préfoliation courbe* : à feuilles *circinées,* roulées en crosse de haut en bas (fougères); — à feuilles *convolutées*, roulées parallèlement à l'axe (abricotier); — *involutées*, roulées par les bords réfléchis en dedans (renouée); — *révolutées*, roulées par les bords réfléchis en dehors.

ORGANES ACCESSOIRES.

En outre des feuilles, plusieurs plantes sont pourvues de divers appendices accessoires :

Écailles, lames coriaces ou charnues remplaçant, dans quelques espèces, les feuilles; mais n'ayant pas la couleur verte (orobanche);

Épines, pointes aiguës adhérant par leur base au rameau ou à la tige (prunier sauvage);

Aiguillons, pointes recourbées adhérant seulement à l'épiderme (rosier);

Poils, filaments minces et flexibles reposant quelquefois sur des glandes;

Vrilles, prolongement des rameaux ou de l'axe des feuilles en filaments sous forme de tire-bouchon, qui se roulent autour d'autres plantes pour supporter leurs tiges faibles (vigne).

ORGANES DE FRUCTIFICATION

FLEUR.

La fleur fait la parure d'un grand nombre de végétaux dont plusieurs sont l'ornement des parterres; elle a cependant une destination importante, la production du fruit, et appartient aux organes de fructification.

Dans l'étude des fleurs, nous examinerons d'abord l'ensemble des parties qui les constituent, puis nous reviendrons successivement sur chacune d'elles pour en observer la conformation et la disposition.

FLEUR MONOPÉTALE DE LA CAMPANULE

1. Sépales du calice.
2. Corolle.
3. Étamines.
4. Pistil.
5. Ovaire.
6. Pédicelle.

Une fleur complète, prenons celle du rosier sauvage ou du pommier, est formée d'une première enveloppe extérieure qui a l'apparence foliacée et la

conformation d'une coupe, qu'on nomme *calice;* —
d'une seconde enveloppe, colorée et brillante, constituant une espèce de couronne, qu'on appelle *corolle.*
A l'intérieur, nous trouvons un groupe de minces ba-
guettes à petite tête; ce sont les *étamines;* puis, au
centre, une autre baguette qui repose par sa base
sur le rudiment du fruit; c'est le *pistil.*

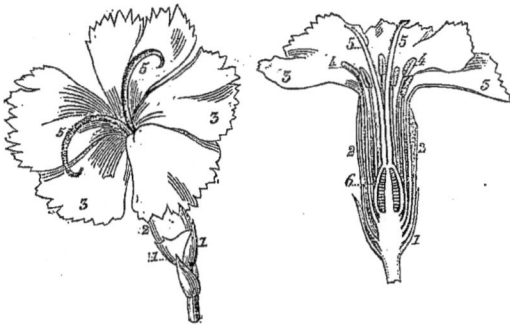

FLEUR POLYPÉTALE DE L'ŒILLET

1. Bractées en calicule.
2. Calice.
3. Pétales de la corolle.
4. Étamines.
5. Pistils.
6. Ovaire.

Le pistil, par son tube intérieur, conduit à *l'ovaire*
ou fruit la poussière fécondante fournie par les étamines; la corolle concentre la lumière et la chaleur
sur les étamines et le pistil; le calice protége les autres parties de la fleur.

La fleur est *complète* quand elle réunit toutes ces
parties, *incomplète* si quelqu'une manque; lorsque la
corolle et le calice ne sont pas distincts et ne forment

qu'une seule enveloppe, cette enveloppe unique prend le nom de *périanthe*.

Les étamines et les pistils sont les organes essentiels de la fructification; la corolle et le calice ne sont que des organes accessoires qui pourraient manquer et qui manquent effectivement dans les plantes inférieures. Nous commencerons cependant l'étude de la fleur par ses enveloppes.

Calice. — La plupart des fleurs ont un support qu'on nomme *pédoncule* et qui adhère au calice. Le calice semble donc une expansion du pédoncule qui s'évase et se divise habituellement en plusieurs parties ou se découpe en plusieurs lobes. Ces divisions portent le nom de *sépales*. Le calice est dit *monosépale*, s'il n'a que des segments qui adhèrent entre eux dans la plus grande partie de la longueur; *polysépale*, si les divisions sont distinctes et indépendantes, sauf par leur base.

Dans le calice monosépale, on nomme: *tube*, la partie indivise, *limbe* les segments évasés, et *gorge* la jonction de ces deux parties. Suivant que les divisions sont plus ou moins larges et profondes, elles portent les noms de *dents*, *lobes*, *fentes*, *sinus*, *partitions*; de là les dénominations de *bilobé*, *trifide*, *quadripartite*...

Le calice, ordinairement *simple*, formant un seul verticille, peut être *composé* de plusieurs verticilles; il est *double* dans la mauve; on dit qu'il est *imbriqué* dans les fleurs composées, parce que les parties se recouvrent à diverses hauteurs. Il est *régulier*, si ses pièces ont même forme et même grandeur; *irrégulier*, si les pièces sont inégales ou disposées sans symétrie.

Suivant sa conformation, **on dit que le calice mo-**

nosépale est *campanulé*, quand il ressemble à une clochette (haricot); *urcéolé*, s'il ressemble à un grelot (jusquiame); *cupuliforme*, à une coupe ou à un godet (noisette); *bilabié*, s'il forme deux lèvres.

On dit du calice polysépale qu'il est *connivent*, quand les sépales se rapprochent par leur sommet vers l'intérieur de la fleur; *dressé*, quand ils sont verticaux; *étalé*, quand ils sont horizontaux; *réfléchi*, quand ils s'inclinent vers le bas.

Si le calice n'a aucune adhérence avec l'ovaire, il est *libre* (cerisier); il est *adhérent*, s'il est soudé à l'ovaire (cognassier).

Le calice est *tombant*, lorsqu'il tombe avec la corolle, après la floraison (giroflée); *caduc*, ou *fugace*, s'il tombe aussitôt que s'épanouit la corolle (coquelicot); *persistant*, s'il reste même après la floraison (mauve); *marcescent*, si, en persistant, il se fane et se dessèche (poirier); *accrescent*, si, en persistant, il prend de l'accroissement (alkékenge).

Dans certaines plantes, le calice est accompagné de divers appendices foliacés, qui forment comme une enveloppe supplémentaire plus ou moins distante de la fleur et qu'on nomme en général *feuilles florales* : *calicule*, dans l'œillet et la mauve; — *involucre* ou *involucelle*, verticille de folioles, dans les fleurs en ombelle; — *collerette*, cercle de feuilles, dans l'anémone — *spathe*, membrane en cornet, dans le narcisse; — *glume* ou *bale*, dans les graminées. La plupart des calices sont accompagnés de feuilles qui se colorent quelquefois, comme dans le mélampyre, on les appelle *bractées*. Dans les composés, comme l'artichaut, on nomme *réceptacle* l'ensemble des sépales imbriqués.

Corolle. — La plus brillante partie de la fleur, celle qui attire le plus le regard par l'éclat de sa cou-

leur, la diversité de ses formes, et qui répand le parfum de ses émanations est la corolle. Elle est d'une
seule pièce, *monopétale* (campanule), ou *polypétale*,
c'est-à-dire formée de plusieurs pièces qu'on nomme
pétales (rose). Le plus ordinairement, elle n'occupe
qu'un rang ; cependant elle peut former plusieurs
rangs, comme dans le nénuphar.

Si les parties ou divisions de la corolle sont de
même forme, de même grandeur et disposées uniformément, elle est dite *régulière* (œillet) ; dans le cas
contraire, elle est *irrégulière*.

Les pétales sont généralement élargis en *lame*, ou
limbe, vers leur extrémité, et rétrécis en *onglet* dans
la partie qui les rattache à la fleur. Les pétales de
l'œillet sont munis d'un long *onglet* ressemblant à
un pétiole. Quelquefois l'onglet est muni d'une fossette avec écaille (renoncule).

La lame du pétale peut être *entière*, *dentelée* ou
frangée, *bifide* ou *multifide*. A la jonction de la lame
et de l'onglet, quelques fleurs portent des languettes
qui forment une couronne (lychnis dioïque).

La corolle polypétale régulière présente quelques
dispositions principales ; on la nomme : *cruciforme*,
si elle est formée de quatre pétales disposés en croix
(chou) ; — *rosacée*, si elle se compose de cinq pétales
ouverts, à onglet court (rose) ; — *caryophyllée*, si
elle est formée de cinq pétales à long onglet (œillet).

La corolle polypétale irrégulière du haricot et des
plantes de la famille des légumineuses est dite *papil-
lonacée*, parce que ses pétales, au nombre de cinq,
semblent figurer un papillon : le pétale supérieur, le
plus grand et le plus étalé, se nomme *étendard ;* les
deux latéraux forment les *ailes*, et les deux inférieurs
sont réunis en un cornet qu'on nomme *carène*. Les

autres corolles polypétales irrégulières n'ont pas de nom particulier et sont dites *anomales*.

Dans la corolle monopétale, on distingue le *tube*, a *limbe* et la *gorge*, qui est quelquefois munie d'appendices, replis, poils, lames ou écailles formant anneau ou couronne. Le limbe est souvent festonné de découpures qu'on nomme dents, lobes, fides ou partitions ; de là les dénominations de bi, tri, quadri...., lobée, fide, partite.

Si les découpures sont égales et symétriques, la corolle est régulière. On distingue principalement les corolles : *tubuleuse*, en tube allongé (lilas) ; — *campanulacée*, en clochette évasée (campanule) ; — *infundibuliforme*, en forme d'entonnoir (liseron) ; *hypocratériforme*, en forme de soucoupe (pervenche) ; — *globuleuse* ou *urcéolée*, arrondie en forme de grelot (muguet de mai) ; *rotacée*, tube presque nul, limbe ouvert à divisions en roue (mouron) ; — *étoilée*, divisions étroites ou rayonnantes (gaillet).

. Si les découpures sont inégales ou de forme différente, la corolle est irrégulière. On distingue les fleurs : *labiées*, corolle à deux lèvres, gorge ouverte (lamier) ; — *personées*, à deux lèvres, gorge fermée par une proéminence de la lèvre inférieure (muflier); — *ligulées*, en languette prolongée (chicorée) ; les autres formes non définies sont dites *anomales*.

La couleur des pétales, quoique généralement identique pour la même espèce, varie souvent pour les espèces du même genre, et ne se conserve pas par la dessiccation ; il serait impossible de fonder une distinction valable sur les nuances de la coloration. Il en est de même pour l'odeur, quoique en général les plantes de la même famille aient des propriétés communes.

Les fleurs ont des durées bien diverses; tandis que les unes brillent pendant plusieurs semaines, d'autres ne vivent que quelques heures. La plupart s'épanouissent pendant le jour; quelques-unes, cependant, ne s'ouvrent que la nuit. A chaque saison correspond la fleuraison de quelques plantes, à chaque heure du jour l'épanouissement d'une fleur. Ces concordances ont amené le célèbre naturaliste Linnée à dresser le calendrier et l'horloge de Flore, par l'indication des plantes qui fleurissent pendant chaque mois de l'année et des fleurs qui s'épanouissent à chaque heure du jour.

Étamines. — A l'intérieur de la corolle, et souvent sur son tube, quand elle est monopétale, s'élève un verticille d'étamines qui forme ce qu'on nomme l'*androcée*.

L'étamine se compose habituellement d'un support appelé *filet*, et d'une tête allongée et renflée qu'on appelle *anthère*. On observera très-facilement ces deux parties dans les étamines du lis qui sont très-grandes.

L'anthère est formée de deux *loges* séparées par une nervure qu'on nomme *connectif*. C'est dans les loges de l'anthère que se forme la poussière granulée qu'on appelle *pollen* et qui féconde le fruit.

Quand les étamines sont dépourvues de filet, on dit que les anthères sont *sessiles* (gouet).

Les étamines peuvent être fixées sur la corolle, sur le calice ou sur le réceptacle, qu'on nomme *thorus*. Les fleurs tirent de cette situation des étamines les noms de : *corolliflores* (primevère), *caliciflores* (poirier), *thalamiflores* (renoncule). Par rapport au pistil, elles peuvent prendre naissance au-dessus de l'ovaire, autour ou au-dessous; de là les dénominations de : *épi-*

gynes, périgynes ou *hypogines* qu'on applique aux étamines suivant leur position.

Les étamines sont ordinairement en nombre égal
ou multiple des divisions de la corolle, quelquefois en
nombre différent. On dit qu'elles sont : *opposées* aux
lobes de la corolle, quand elles sont en face de l'axe
du segment; *alternes*, si elles correspondent à l'intervalle des segments. Elles sont : *incluses*, si elles sont
renfermées dans l'intérieur de la corolle; *saillantes*,
si elles sortent en dehors; *introrses*, si la face de l'anthère est tournée vers l'intérieur; *extrorses*, si elle est
tournée vers l'extérieur.

Le nombre des étamines varie de une à vingt et
au delà. Au delà de vingt, on dit que le nombre est
indéfini. La classification des plantes, dans le sys-
tème de Linnée, est fondée sur le nombre et la disposition des étamines.

1re classe, *Monandrie*, 1 seule étamine (centranthe);
2e — *Diandrie*, 2 étamines égales (sauge);
3e — *Triandrie*, 3 étamines égales (iris);
4e — *Tétrandrie*, 4 étamines égales (gaillet);
5e — *Pentandrie*, 5 étamines égales (liseron);
6e — *Hexandrie*, 6 étamines égales (lis);
7e — *Heptandrie*, 7 étamines égales (marronnier);
8e — *Octandrie*, 8 étamines égales (bruyère);
9e — *Ennéandrie*, 9 étamines égales (butome);
10e — *Décandrie*, 10 étamines égales (œillet);
11e — *Dodécandrie*, 11 à 19 étamines (réséda);
12e — *Icosandrie*, 20 ou plus (poirier);
13e — *Polyandrie*, plus de 20 (renoncule);
14e — *Didynamie*, 4 étamines dont 2 plus courtes (lamier);
15e — *Tétradynamie*, 6 étamines dont 2 plus courtes (chou);
16e — *Monadelphie*, étamines soudées par les filets en 1 faisceau (géranium);

3.

17ᵉ classe, *Diadelphie*, étamines soudées par les filets en 2 faisceaux (haricot);

18ᵉ — *Polyadelphie*, étamines soudées par les filets en 3 faisceaux ou plus (millepertuis);

19ᵉ — *Syngénésie*, étamines soudées par les anthères (laitue);

20ᵉ — *Gynandrie*, étam. soudées avec le pistil (orchis).

Quatre autres classes sont établies sur ce que les étamines ne se trouvent pas dans la même fleur que les pistils, ou sur ce que les organes sont invisibles.

21ᵉ classe, *Monoécie*, étamines et pistils séparés, sur la même plante (maïs);

22ᵉ — *Dioécie*, étamines et pistils sur des plantes distinctes ((chanvre);

23ᵉ — *Polygamie*, des fleurs à étamines et pistils à la fois, d'autres à organes séparés (pariétaire);

24ᵉ — *Cryptoyamie*, étamines et pistils inapparents (fougère).

Ovaire et pistil. — Au centre de la fleur et au fond des enveloppes, se trouve l'*ovaire* ou *carpelle* qui renferme les graines; il est simple ou composé de plusieurs pièces séparées et porte le *pistil*, qui est formé d'un support appelé *style* et d'un renflement supérieur qu'on nomme *stigmate*. Si le style manque, le stigmate est dit *sessile*.

Le stigmate a des formes diverses suivant les espèces; il est globuleux, en entonnoir, en massue, en croix, en pinceau ou filiforme. Sa surface est habituellement recouverte d'un liquide visqueux qui retient le pollen des étamines. Il est simple ou divisé en plusieurs lobes.

Le style, unique ou multiple, suivant les espèces, forme un tube qui aboutit dans l'intérieur de l'ovaire en s'appliquant à la partie supérieure, latéralement

ou quelquefois en dessous. Suivant que les divisions
sont soudées sur plus de la moitié de leur longueur,
le style est dit : bi, tri, multifide; ou, sur moins de
la moitié de la longueur, il est bi, tri... partite.

L'ovaire, généralement arrondi, peut ne former
qu'une *loge* ou plusieurs, suivant les genres. Ces loges renferment un ou plusieurs *ovules,* qui, par la
fécondation, deviennent des graines. Si l'ovaire est
visible au fond de la fleur et placé au-dessus de la
base du calice, comme dans le cerisier, il est dit *su-*
père; on le nomme *infère,* s'il est placé au-dessous
du calice, comme dans le pommier.

Les ovules ne sont pas toujours tous fécondés et ne
deviennent pas tous des graines. Ils adhèrent aux
parois de l'ovaire ou à son axe sur un renflement
qu'on nomme *placenta,* par un cordon qu'on nomme
funicule, et dont le point d'attache à la graine se
nomme *hile.*

Toutes les fleurs ne sont pas munies à la fois d'étamines et de pistils; elles ne sont, par conséquent, pas
toutes fertiles. On remarque facilement sur le noyer
des chatons à étamines qui apparaissent d'abord,
puis tombent et ne portent pas de fruits, tandis que
les noix se forment sur des bourgeons à fleurs moins
apparentes.

On appelle *hermaphrodites* les fleurs qui renferment
des étamines et des pistils dans la même enveloppe;
— *unisexuées,* celles qui ne renferment que des étamines, fleurs *staminifères* ou *mâles,* comme les épis
du maïs, ou que des pistils, fleurs *pistilifères* ou *fe*
melles, fusées du même maïs.

Les plantes *unisexuées* sont dites *diclines,* parce que
les étamines et les pistils sont dans des enveloppes
florales distinctes: si ces fleurs sont sur le même

pied, comme dans le noyer et le maïs, la plante est
monoïque et appartient à la 21e classe de Linnée, *monoécie;* si elles sont sur différents pieds, comme le
chanvre, la mercuriale, la plante est dite *dioïque*, 22e
classe, *dioécie.*

Il peut arriver aussi que la plante porte des fleurs
à étamines seulement, d'autres à pistils seuls, et des
fleurs réunissant à la fois étamines et pistils, comme
la pariétaire, on l'appelle alors *polygame;* elle appartient à la 23e classe de Linnée, *polygamie.*

Quoique, dans les plantes dioïques, les étamines et
les pistils soient isolés sur des pieds différents, même
éloignés, la fécondation peut s'opérer par le vent qui
porte le pollen des étamines. C'est ainsi qu'un palmier femelle, cultivé depuis plusieurs années au Jardin des plantes, à Paris, et stérile jusqu'alors, devint
fertile par la floraison d'un pied mâle qui était cultivé à distance dans un autre jardin.

Si l'on compare l'églantine, rose sauvage, avec les
roses cultivées dans les jardins, on constate dans la
première cinq pétales, un nombre considérable d'étamines et plusieurs pistils ; tandis que la rose à cent
feuilles a un nombre indéfini de pétales qui se sont
formés au détriment des étamines et des pistils. La
rose des jardins devient infertile parce qu'elle n'a
plus ni étamines ni pistils. A l'état naturel la fleur
est *simple* et fertile ; par la culture, elle se *double,*
comme on dit, les étamines et les pistils se transfor-
ment en pétales, et la plante ne donne pas de graine.
On reconnaît facilement le commencement de ces
transformations dans le rosier des champs et dans
plusieurs autres plantes, quand elles sont placées
dans un sol riche et que leur végétation est vigou-
reuse.

Inflorescence. — La nature a apporté une grande variété, non-seulement dans la forme et la couleur des fleurs, mais encore dans leur disposition sur la tige, qu'on désigne sous le nom d'*inflorescence*.

On distingue deux modes généraux d'inflorescence qui peuvent se combiner entre eux : ou les fleurs terminent l'axe principal, l'inflorescence est *terminale*, à évolution *définie*, l'épanouissement se fait successivement du centre à la circonférence, la fleuraison est dite *centrifuge*; — ou l'axe principal s'allonge indéfiniment et les fleurs naissent sur les rameaux, l'inflorescence est alors *axillaire*, à évolution *indéfinie*, l'épanouissement des fleurs se fait de l'extérieur à l'intérieur, la fleuraison est dite *centripète*.

Quel que soit le mode d'inflorescence, les fleurs peuvent être *solitaires* ou *fasciculées*, réunies par paquets; — *géminées*, s'il en naît deux au même point; — *ternées*, *quaternées*..., par bouquets de trois, quatre...; *verticillées*, si elles sont disposées en anneau autour de la tige.

Les *inflorescences définies* sont désignées sous le nom de *cymes*; on les distingue en :

Cymes dichotomes, si, comme dans le céraiste, l'axe principal porte au-dessous de la fleur terminale deux axes secondaires opposés, également terminés par une fleur et ramifiés en deux axes tertiaires;

Cymes scorpioïdes, si les axes secondaires, tertiaires, ne se développent que d'un côté, comme dans la consoude, en sorte que la cyme semble s'enrouler en crosse sur elle-même;

Cymes contractées, si les axes sont très-courts, les fleurs rapprochées et sessiles, comme dans l'œillet des poëtes.

Les principales formes de l'*inflorescence indéfinie* sont :

La *grappe* (groseillier), dont les fleurs, portées par un pédoncule ou axe commun, sont distantes et suspendues chacune à un *pédicelle* particulier, et dont les pédicelles sont à peu près de même longueur.

Le *thyrse* (lilas); les axes latéraux du milieu sont plus allongés que ceux des extrémités, qui décroissent graduellement.

Le *corymbe* (poirier), toutes les fleurs, portées par des pédicelles inégaux, qui naissent à différents points de la hauteur de l'axe principal, s'élèvent à peu près au même niveau.

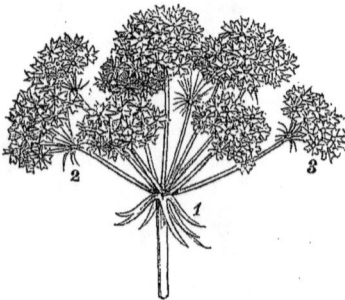

FLEUR EN OMBELLE

1. Involucre.   2. Involucelles.

L'*ombelle*; les pédicelles, partant tous de l'extrémité d'un pédoncule commun, s'écartent comme les rayons d'un parasol. L'ombelle est *simple*, s'il n'y a qu'un rang de rayons (oignon); *composée*, si les rayons principaux donnent naissance à d'autres ombelles plus petites ou *ombellules* (carotte). On nomme *involucre* la collerette de petites feuilles qui entourent la

base de l'ombelle, *involucelle* la collerette des ombellules.

Le *capitule* (soleil); l'axe floral, élargi en tête à son
extrémité, forme un plateau qu'on nomme *réceptacle,*

FLEUR COMPOSÉE DE LA CENTAURÉE

1. Fleuron détaché.
2. Corolle.
3. Étamines.
4. Pistil.
5. Aigrette de la graine.

sur lequel sont fixés des fleurons nombreux dont l'ensemble est entouré par un involucre à folioles imbriquées. Comme l'ensemble de ces fleurons paraît
ne former qu'une seule fleur, on l'a nommée fleur
composée.

L'*épi*; les fleurs sessiles, ou pourvues d'un très-court
pédoncule, sont rapprochées et disposées de chaque
côté d'un axe simple (verveine), ou le long d'axes secondaires courts et rapprochés (blé); le paquet formé
par chaque petit axe secondaire se nomme *épilet.*

La *panicule* (avoine), dont les axes secondaires, assez espacés, portent eux-mêmes des axes tertiaires,
terminés chacun par une fleur, et dont l'ensemble figure une pyramide.

FLEUR EN CHATON DU PEUPLIER.

Le *chaton*, épi à fleurs incomplètes, sessiles, très-
rapprochées, et séparées par des écailles interposées
entre elles, tombant d'une seule pièce après la floraison (noyer, saule).

Le *cône* ou *strobile*, chaton non caduc à grandes et
fortes écailles (pin, houblon).

Le *sycone* (figuier); les fleurs et les graines sont
renfermées dans le renflement creux qui forme la
figue.

Le *spadice* (gouet), axe épaissi renfermé dans une
spathe et portant à diverses hauteurs des fleurs à étamines, d'autres à pistils.

Les pétales des fleurs sont renfermés dans le bouton avant leur épanouissement et repliés de diver-

ses manières qu'on désigne sous le nom de *préflo-raison.*

Les principaux arrangements sont ceux qu'on remarque :

Dans la *rose,* où les pétales se recouvrent latéralement par une portion de leur largeur, *préfloraison imbriquée ;*

Dans le *lierre,* où les pétales sont rapprochés bord à bord, comme les battants d'une porte, *préfloraison valvaire ;*

Dans la *mauve,* où les pétales se recouvrent partiellement en s'enroulant les uns sur les autres, *préfloraison en spirale ;*

Dans le *liseron,* où la corolle est pliée sur elle-même comme un filtre, *préfloraison pliée ;*

Dans l'*œillet,* où il y a deux pétales intérieurs, deux extérieurs, et un cinquième recouvrant par un côté les deux intérieurs, par l'autre, les deux extérieurs, *préfloraison quinquonciale.*

Les fleurs servent non-seulement à l'ornement des jardins et des habitations, mais elles sont employées à la parfumerie ; en pharmacie pour des infusions, des tisanes et diverses préparations ; les étamines du safran fournissent la poussière jaune employée pour la pâtisserie et la cuisine ; les abeilles extraient des fleurs le miel et la cire.

FRUIT.

Après la floraison et la fécondation, les enveloppes et les étamines de la fleur tombent ou se dessèchent ; toute l'action de la séve se concentre sur l'*ovaire,* qui se développe, mûrit et forme le *fruit.*

Dans le fruit, on distingue deux parties principa-

les : le *péricarpe* et la *graine*. Le fruit étant désigné
par la racine du mot *carpe*, on nomme *péricarpe* ce
qui enveloppe la graine; *carpelles*, les fruits réunis ou
agrégés dans la même enveloppe calicinale.

Les parois de l'ovaire et même le calice persistant
dans plusieurs plantes, comme le poirier, le cognassier, forment le *péricarpe*, et les *ovules* forment les
graines ou *semences*.

Pour la plupart des fruits, pommes, prunes, me-
lons, c'est le péricarpe qu'on mange; pour d'au
tres, groseilles, raisin, tomates, dont les graines sont
très-petites, on mange le péricarpe et les graines;
pour d'autres encore, comme l'amande, la noix, les
haricots, on mange la graine et rejette le péricarpe
qui se dessèche à la maturation.

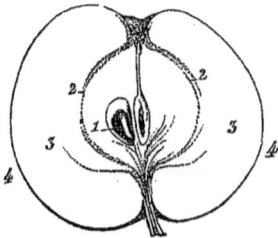

POMME COUPÉE EN HAUTEUR

1. Graine, ou carpe.
2. Endocarpe.
3. Mezocarpe, ou sarcocarpe.
4. Épicarpe.
2, 3 et 4 ensemble, Péricarpe.

Dans le péricarpe on distingue trois parties : la
pellicule supérieure ou *épicarpe*, comme dans la
pomme et la prune; — la chair intérieure ou *mésocarpe*, qu'on nomme *sarcocarpe* quand elle est ferme,

comme dans la pomme et la poire; — l'enveloppe interne des cavités ou loges dans lesquelles sont placés les pépins de la pomme, qu'on nomme *endocarpe*. Le fruit peut n'avoir qu'une loge, comme la cerise, il est *uniloculaire*; ou plusieurs loges, comme la pomme, il est *multiloculaire*.

Ces diverses parties du péricarpe ne sont pas toujours aussi distinctes que dans les fruits que nous venons de désigner, et semblent quelquefois se réduire à une seule enveloppe, comme la gousse du haricot; mais, plus ou moins apparentes ou étendues, elles existent toujours dans le même ordre.

On classe les fruits en trois groupes principaux qui admettent plusieurs subdivisions :

Les fruits *simples*, formés d'un seul carpelle et provenant d'une seule fleur;

Les fruits *multiples*, provenant de plusieurs carpelles, mais d'une seule fleur;

Les fruits *composés* ou *agrégés*, résultant de plusieurs carpelles soudés entre eux, et provenant de plusieurs fleurs rapprochées.

Les fruits simples sont : ou *secs*, à péricarpe membraneux (haricots), ou *charnus*, à péricarpe succulent (poire). Les fruits secs sont : ou *déhiscents*, s'ouvrant d'eux-mêmes par des valves, ou *indéhiscents*, restant toujours fermés.

Parmi les espèces de fruits secs indéhiscents, on distingue :

Le *cariopse*, péricarpe très-mince se confondant avec la graine unique (blé);

L'*akène*, à péricarpe formé par le calice adhérent (chardon);

Le *polakène*, à péricarpe formé par la réunion de plusieurs akènes (cerfeuil);

La *samare*, à péricarpe couronné d'une aile men-
braneuse (orme);

Le *gland,* fruit uniloculaire, à une seule graine
(chêne).

Parmi les fruits secs déhiscents, on distingue :

La *gousse*, ou légume, à plusieurs graines, s'ouvrant par deux fentes longitudinales (haricot, pois);

La *follicule,* à plusieurs graines, apparence d'une
feuille, s'ouvrant par une seule fente longitudinale
(dauphinelle, laurier-rose);

La *capsule*, fruit uniloculaire, ou pluriloculaire, à
plusieurs graines, s'ouvrant par des fentes longitudinales (œillet), ou des trous percés au sommet (pavot);

La *pyxide*, fruit à plusieurs graines, s'ouvrant à la
maturité par une coupure circulaire horizontale
(mouron, jusquiame);

La *silique,* capsule allongée dont la longueur sur-
passe quatre fois la largeur, à deux loges, s'ouvrant
par deux valves de haut en bas ou de bas en haut
(chou);

La *silicule*, silique dont la longueur ne dépasse pas
beaucoup la largeur (capselle, bourse-à-pasteur).

Parmi les fruits simples charnus, on distingue :

La *drupe*, mésocarpe très-développé, endocarpe en
noyau unique (pêche, prune);

La *pomme*, endocarpe cartilagineux ou osseux,
plusieurs graines ou pépins (pomme, poire);

La *baie*, fruit formé d'une matière juteuse dans laquelle sont placées les graines (raisin, groseille);

L'*hespéridie*, endocarpe pulpeux, épicarpe et mésocarpe formant une peau (orange, citron);

La *péponide*, à cavité centrale avec grand nombre
de graines ou pépins (melon, courge);

La *noix*, mésocarpe moins développé que dans la drupe, non comestible, on mange la graine (noix, amande).

Parmi les fruits multiples, on distingue :

La *mélonide*, fruit charnu, ou à noyau, comme dans la nèfle, ou à pépins, comme dans le sorbier;

La *syncarpe*, résultant de la réunion apparente de plusieurs fruits, comme la fraise, la framboise.

Les fruits composés ou agrégés comprennent :

. Le *cône* ou *strobile*, ensemble de graines séparées par des écailles (pin, houblon);

Le *sycône*, réunion d'akènes dans un réceptacle charnu (figue);

Le *sorose*, réunion de fruits charnus en une seule masse (mûrier, ananas).

Les fruits fournissent à l'homme de précieuses ressources pour sa nourriture ou sa boisson; les uns sont comestibles sans préparation, et leur saveur agréable les fait rechercher pour les desserts; d'autres fournissent la farine qui sert à la préparation du pain, ou des fécules qui entrent dans la préparation de divers aliments, comme les pois, les haricots, le cacao qui entre dans la préparation du chocolat. Pour les boissons, l'homme utilise : le raisin, qui lui fournit le vin; l'orge, qui fournit la bière; la pomme, qui produit le cidre; le café, qui fournit une décoction très-recherchée. Plusieurs fruits entrent dans la préparation des confitures.

GRAINE.

La graine, qui sert comme semence pour la reproduction du végétal, est l'*ovule* parvenu à sa maturité; on y distingue une enveloppe appelée *épisperme* et l'*amande*.

L'*épisperme* est formé de deux téguments ou pelli-
cules dont l'une, externe, est le *test;* et l'autre, interne,
adhérant à la précédente, est le *tegmen.* Très-distinctes dans la châtaigne, ces membranes, quoique
réunies, se reconnaissent encore dans le haricot dont
elles se détachent par la cuisson. Dans le blé, elles
forment le son. Elles sont impropres à la nutrition et
sont écartées à la mouture ou quand on fait des
purées de légumes.

L'*amande* comprend souvent une couche de matière
comme la farine dans le blé; c'est le *périsperme,* toujours le germe intérieur d'un nouveau végétal ou embryon, dans lequel on distingue, à la germination :
la *tigette,* partie qui formera la tige; la *plumule* ou
gemmule, qui formera les rameaux; la *radicule,* qui
fournira la racine, et les *cotylédons,* qui, par le ramol-
lissement, fournissent l'albumen, substance laiteuse
nécessaire à l'entretien de la jeune plante avant qu'elle
ait poussé des feuilles.

L'amande se rattache à l'épicarpe par un cordon
assez visible dans le haricot, on le nomme *funicule.*
Le point d'adhérence du funicule au péricarpe se
nomme *placenta;* on appelle *hile,* le point d'attache à
la graine.

On remarque une grande variété de formes dans
les graines comme dans les autres organes des plantes; quelques-unes sont munies d'appendices qui fa-
cilitent leur dissémination. C'est ainsi que la plupart
des graines des composées sont munies d'aigrettes,
comme le pissenlit, sur le réceptacle duquel les enfants aiment à souffler, quand il a atteint sa maturité, pour faire prendre la volée à ses nombreuses
semences.

CLASSES GÉNÉRALES DES VÉGÉTAUX

Au moment où la fève, le haricot, le pois commencent à projeter leur jeune tige dans l'air, elle est munie de deux feuilles ovales et épaisses dans lesquelles on reconnaît les deux lobes qui forment dans la graine les *cotylédons*, ou écuelles à albumen, qui sont comme les mamelles où le végétal puise sa première nourriture.

La plupart des plantes de nos climats sont pourvues de deux cotylédons; on les appelle *dicotylédonées*, en comprenant dans cette section les arbres résineux qui ont plus de deux cotylédons. D'autres, comme le blé, la tulipe, l'asperge, n'ont qu'un seul cotylédon et forment la section des *monocotylédonées*. Enfin, les plantes inférieures, à floraison inapparente, comme les fougères, les mousses, les champignons, sont dépourvues de cotylédons et forment la section des *acotylédonées*.

Ces différences dans la graine déterminent, pour la structure et l'organisation des végétaux, des modifications si notables, qu'à première vue on distingue les plantes des trois sections.

Les acotylédonées ne présentent ni fleurs ni fruits apparents; on les a appelées *cryptogames*, à floraison et fructification invisibles. Quelques poussières fines forment seules les semences; l'ensemble du végétal n'est qu'une expansion dans laquelle il est difficile de distinguer des racines, une tige et des ramifications; ces plantes, d'une taille peu élevée, s'étendent généralement sur le sol ou dans l'eau.

Dans les monocotylédonées, comme le blé, les joncs, les fleurs et les fruits sont apparents; mais la tige ne se ramifie pas, les feuilles sont simples. Dans nos climats, ces plantes ne sont pas vivaces.

Les dycotylédonées sont les plantes dont l'organisation est la plus complète ; les tiges sont ramifiées avec feuilles, fleurs et fruits apparents.

Ces deux sections sont, à cause de l'apparence des fleurs et des fruits, désignées sous le nom de *phanérogames,* par opposition aux cryptogames.

La structure et l'organisation générale indiquent à première vue à quelle section le végétal appartient.

STRUCTURE DES VÉGÉTAUX.

Au bas de l'échelle végétale, on trouve les espèces d'écumes verdâtres qu'on recueille facilement dans les étangs et les eaux calmes et qui sont comme les rudiments de toute végétation. Pour peu qu'on cherche dans un cours d'eau à mouvement peu rapide, on retirera des filaments nombreux, dans lesquels on pourra distinguer des sacs allongés d'un beau vert, formés par un filet à mailles assez régulières de forme polygonale : c'est un végétal acotylédone qu'on nomme hydrodyction. Il nous amènera à comprendre le mode de structure et de formation des plantes.

Cette bourse, de 30 à 50 cm. de longueur sur 10 à 15 de largeur, est formée de larges mailles qui grandissent sans que le nombre augmente. De chacun des filaments qui circonscrivent l'une des mailles sortent d'autres sacs semblables, qui grandissent et se multiplient de la même manière, en sorte qu'on peut, avec un râteau, retirer du bassin où ces sacs nagent des millions de filets tous bien conformés.

Cette observation ne nous révèlera pas la loi en

vertu de laquelle ont pris naissance ni les mailles ni les filets, qui apparaissent tout formés; mais, en nous faisant assister presque à leur formation, elle nous permettra, par l'analogie, de nous rendre compte du mode de développement des végétaux.

Solides. — Dans la contexture de tous les végétaux, quand on l'examine attentivement, avec des instruments grossissants, on remarque des *vaisseaux* dans lesquels circulent des liquides, des *fibres* dont l'agencement forme comme la trame, et des *cellules* ou vésicules arrondies ou déprimées : tels sont les organes élémentaires de la végétation qu'on nomme *tissus*, et qu'on distingue en tissu *cellulaire*, tissu *fibreux* et tissu *vasculaire*.

Les *cellules* sont de petits sacs de diverses formes dont les parois flexibles sont composées d'une substance nommée *cellulose*, assez analogue à l'amidon, et dont la capacité renferme un liquide qui tient en dissolution une matière gommeuse et sucrée, et, en suspension, des grains d'une substance colorante verdâtre qu'on nomme *chlorophylle*.

Les cellules naissent les unes des autres et forment dans leur ensemble le *tissu cellulaire*, en laissant entre elles des interstices ou *méats* qu'on peut reconnaître dans le *parenchyme* des feuilles.

Les *fibres*, qu'on reconnaît facilement dans le bois sec, résultent de cellules très-allongées sur les parois desquelles adhèrent des substances qui se solidifient et acquièrent beaucoup de dureté; leur assemblage forme le tissu *fibreux* ou *ligneux* dans les plantes vivaces.

Les *vaisseaux* sont des tubes allongés formés de cellules superposées dont les parois en contact se sont brisées et dans lesquelles circulent les liquides et les

4

gaz propres à l'entretien de la plante, ou ceux qu'elle rejette au dehors. Ils sont de diverses espèces, parmi lesquelles on distingue, sous le nom de *trachées*, des tubes en spirale comme l'élastique des bretelles, qu'on peut remarquer en brisant une jeune branche de sureau ; les deux parties restent unies par cet élastique. On distingue aussi les *vaisseaux lactifères*, transparents, dans lesquels circule le liquide nommé *latex*. L'ensemble des vaisseaux constitue le tissu vasculaire.

Les végétaux monocotylédones et dicotylédones sont formés à la fois de cellules et de vaisseaux, ils sont dits *vasculaires ;* tandis que les acotylédones ne sont formés que de cellules et sont appelés *cellulaires.*

Liquides. — Les vaisseaux semblent remplir dans les plantes un rôle analogue à celui des artères et des veines par lesquelles le sang circule dans les animaux. Les fluides qui circulent dans le végétal sont : la *séve* et les *sucs propres.*

La *séve*, ou suc nourricier, est un liquide incolore et transparent, formé d'eau et de divers principes solides ou gazeux en dissolution ; c'est elle qui coule au printemps des sarments de la vigne taillée quand on dit qu'elle pleure. Elle a un mouvement ascendant pendant toute la durée de la végétation et de l'extension de la plante, un mouvement descendant pendant la période de fructification. Sa marche est retardée par le froid et accélérée par la chaleur. La séve descendante, plus consistante que la séve ascendante, s'appelle *cadmium.*

Diverses plantes ont des sucs propres colorés, et jouissant de propriétés particulières, comme les résines de divers arbres, le lait jaune de la chélidoine, le lait blanc des euphorbes, le caoutchouc, ou gomme élastique, qui découle d'un arbre de la Guiane nommé *hevé.*

FONCTIONS, OU PHYSIOLOGIE VÉGÉTALE.

Après avoir étudié les divers organes de la plante, suivons-la dans les diverses phases de son existence, depuis le moment où le germe manifeste son développement jusqu'à celui où elle périt. Les divers phénomènes qui se succèdent sont classés en trois groupes suivant leur objet : la germination, ou naissance du végétal; la nutrition, ou l'accroissement et la multiplication; la décomposition, ou le dépérissement.

Divers agents concourent à ces phénomènes : le sol, qui fournit des principes minéraux; l'eau, qui produit les sucs; l'air, qui fournit les substances gazeuses; la chaleur et la lumière, qui excitent et favorisent l'action de ces substances.

Germination. — L'ovule que nous avons reconnu dans l'ovaire, fécondé par le pollen, devient une graine douée de la propriété de donner naissance à une autre plante par la germination. Placée en terre, dans des conditions favorables de profondeur, d'humidité et de température, la graine se tuméfie, ses enveloppes se ramollissent et se fendent, l'embryon développe sa gemmule et s'allonge en puisant la matière sucrée dans les cotylédons; il pousse sa radicule dans le sol, sa plumule vers l'air où elle apparaît après un temps plus ou moins long et non sans prendre quelques précautions.

Durant les premiers jours, les plantes délicates et sensibles au froid, comme le haricot, s'arquent en tenant la tête repliée vers le sol, pour ne pas s'expo-

ser tout de suite au grand air, à la lumière trop vive,
et n'affronter les dangers qu'après avoir acquis assez
de force. Les cotylédons fournissent peu à peu leur
substance au jeune végétal, puis se dessèchent et
tombent, aussitôt que des feuilles véritables et les racines sont en état de pourvoir à ses besoins.

La durée de la germination est très-variable pour
les différentes espèces de plantes; de un à deux jours
pour le *cresson alénois*, elle s'étend à deux ans pour
le *noisetier* et l'*aubépine*. Comme la graine renferme
en elle-même les éléments nécessaires à son premier
développement, on peut la faire germer dans l'eau,
dans l'air humide; mais il y aurait beaucoup de ris-
ques à courir en déposant la plantule dans le sol.
Mieux vaut la placer tout de suite dans un terrain lé-
ger, sablonneux, où elle puisse commencer à prendre
quelque force.

En horticulture, on sème généralement sur couches
formées d'un mélange de fumier et de terreau, re-
couvertes d'un vitrage; la chaleur concentrée, provenant du soleil et de la fermentation du fumier, détermine une germination et un développement plus
prompts; on évite la lumière directe du soleil, qui,
en provoquant une trop rapide extension de la tige,
nuirait au développement des racines qu'on doit fa-
voriser d'abord. Quand la jeune plante a acquis assez de vigueur pour vivre en plein air, on la repique
avec soin au lieu qu'elle doit occuper plus tard, et
on multiplie les arrosages avec de l'eau de purin.

Les semences conservent assez longtemps leur fa-
culté germinative quand on les soustrait à l'action
de l'air, de l'humidité et de la lumière. Des graines
de froment, trouvées dans les sarcophages des mo-
mies d'Égypte, ont levé et prospéré après plus de

quatre mille ans de conservation. En extrayant des matériaux de grandes profondeurs du sol, on a mis à jour des semences qui y étaient enfouies depuis des époques antédiluviennes et qui ont végété dans des lieux où la plante n'avait jamais été observée.

Accroissement. — C'est en puisant, dans le sol, dans l'eau et dans l'air, les éléments, les élaborant dans ses cellules, et se les appropriant ensuite par l'absorption, que la plante se développe progressivement jusqu'à atteindre la taille de nos grands arbres et des dimensions plus considérables encore pour d'autres espèces, dans d'autres régions.

Les matériaux de son alimentation sont des sels minéraux en dissolution dans l'eau qui imbibe le sol, des matières animales ou végétales résultant de la décomposition des fumiers ou engrais, des gaz fournis par l'air. Tous ces matériaux, en dissolution dans les fluides, sont transportés par la circulation dans les cellules et les vaisseaux de la plante.

Par les racines et les mamelons ou suçoirs dont leurs extrémités sont pourvues, elle puise dans le sol l'eau et les matières en dissolution; par les stomates des feuilles et de l'enveloppe herbacée de l'écorce, elle absorbe les gaz et les vapeurs contenues dans l'air. Durant le jour, sous l'influence de la lumière solaire, les parties herbacées absorbent l'air, fixent le carbone et dégagent l'oxygène; durant la nuit, à l'obscurité, elles laissent dégager l'acide carbonique qui est en excès.

Toute la partie aqueuse absorbée par la plante forme, avec les matières en dissolution, le fluide nourricier, ou la séve, qui circule dans les vaisseaux et entre les cellules, en montant de la racine aux rameaux par l'intérieur du végétal, et redescendant

4.

entre l'écorce et le bois. L'ascension s'accélère pendant le jour, principalement au printemps, pour le
développement des bourgeons, puis, en août, pour la
formation des boutons qui se convertissent en bourgeons l'année suivante. Le mouvement descendant
est plus prononcé pendant la nuit et en automne.

C'est en descendant entre l'écorce et le corps ligneux des végétaux dicotylédones, que la séve dépose
chaque année des couches nouvelles, dont l'une très-
mince adhère à l'écorce et forme le liber, l'autre,
plus puissante, forme l'aubier, ou bois tendre, qui
acquiert graduellement plus de consistance. Comme
l'arbre s'allonge chaque année par le développement
des bourgeons terminaux, les couches successives
forment des cornets qui s'emboîtent les uns sur les
autres et donnent au végétal la forme d'un cône allongé quand on le laisse pousser librement.

A mesure que le cœur du bois se durcit, la séve
porte son cours vers les parties plus tendres, qui se
développent en épaisseur et en hauteur, puis durcis-
sent à leur tour de l'intérieur à l'extérieur. Quelquefois l'axe de l'arbre pourrit et se creuse, comme on
l'observe sur les vieux saules, et la plante continue à
vivre et à pousser des branches.

Pour retarder le mouvement de la séve et déterminer l'apparition des bourgeons ou leur développement sur tel point de la tige, on peut faire à l'écorce
des incisions qui amènent un arrêt et un extravase-
ment, ou pratiquer des ligatures, qui, en arrêtant la
marche, déterminent la formation de bourrelets au-
dessus de l'étranglement. La position des bourrelets,
au-dessus de la ligature, démontre la marche descendante de la séve, comme l'allongement naturel du
végétal démontre son mouvement ascendant. La taille

des arbres fruitiers, pour équilibrer les ramifications, et la greffe, qui est destinée à améliorer leur production, sont fondées sur la connaissance du mode de circulation de la séve.

Dans les végétaux monocotylédones, l'accroissement se fait à peu près uniquement en hauteur. Les tiges, qu'on appelle *stipes*, n'ont pas, comme le tronc de nos arbres, le corps ligneux et l'écorce ; elles forment un cylindre qui s'accroît en hauteur seulement, sans ramifications, par des anneaux superposées. La séve circule par l'intérieur, forme un large bourgeon terminal qui donne naissance aux feuilles, aux fleurs et aux fruits ; l'année suivante, il se forme un autre anneau au-dessus du précédent, en sorte qu'on peut calculer l'âge du végétal par le nombre de ses anneaux.

Pour les plantes annuelles, comme le blé, le chaume est aussi formé de tubes creux qui semblent sortir les uns des autres et qui sont articulés par des nœuds avec feuille embrassante.

Dans les végétaux acotylédones, dépourvus de vaisseaux, la séve coule par un mouvement giratoire dans chaque cellule ; l'accroissement est rapide, mais peu étendu. Un champignon peut acquérir dans un jour une circonférence d'un mètre ; mais le développement ne se continue pas.

En même temps qu'elles puisent au dehors des éléments dont elles s'assimilent une partie, les plantes rejettent ce qui leur est inutile ou nuisible, des gouttelettes d'eau, par une espèce de transpiration qui se fait principalement aux feuilles, des gommes, des résines et des matières solides, par les sécrétions de l'écorce et des racines.

Dépérissement. — La durée du végétal varie

dans des limites très-éloignées : beaucoup de plantes
sont annuelles, quelques-unes bisannuelles ; les arbres peuvent vivre pendant des siècles. Depuis les espèces de champignons qui vivent un jour, jusqu'aux
baobabs du Sénégal, auxquels Adanson a assigné
six mille ans d'existence, il y a une large marge pour
les différentes durées.

La plante périt parce qu'elle a parcouru le cycle de
sa durée naturelle, ou parce qu'elle est privée des
éléments nécessaires à son existence, ou encore parce
que ses organes sont atteints d'une maladie qui est
produite par des principes morbides, par des insectes
qui l'attaquent ou des végétations qui l'épuisent. Elle
se décompose, et, par l'humus qu'elle forme, elle
rend au sol des éléments qui le fertilisent.

CLASSEMENT DES VÉGÉTAUX

L'étude comparative des plantes a amené à les dis-
tribuer en groupes qui forment des *classes*, des *familles*, des *genres* et des *espèces*.

Chaque plante qui se multiplie et se reproduit en
conservant toujours les mêmes caractères forme une
espèce distincte des autres plantes qui n'ont pas tous
les mêmes caractères.

Un groupe d'espèces voisines, distinctes par quelques caractères particuliers, mais ayant les caractères essentiels communs, forme un *genre*.

On distingue plusieurs espèces de *trèfles* : le *trèfle
des champs*, à tête arrondie, fleurs rouges; — le *trèfle
incarnat*, à tête allongée, fleurs d'un rouge pourpre;
— le *trèfle jaunâtre*, à têtes ovales, fleurs jaunes. Ces

différences de couleur de la fleur, de taille et de port de la plante, caractérisent les espèces; mais toutes ont les feuilles à trois lobes, les graines renfermées dans une petite gousse ovale, et forment un même genre qu'on désigne sous le nom commun de *trèfle*. La *luzerne*, très-voisine du trèfle, comprend aussi diverses espèces; mais toutes ces espèces diffèrent du genre trèfle, parce que la gousse est ou courbée en faucille, ou roulée en spirale.

Comme la liste des noms qui servent à désigner les diverses plantes serait trop longue si on assignait un nom particulier à chaque espèce, on trouve dans le groupement en genres la facilité de désigner toutes les espèces du même groupe par le nom du genre, en l'accompagnant d'un adjectif pour préciser l'espèce.

On range de même sous un nom commun de *famille*, tous les genres qui ont des affinités entre eux par les organes essentiels; ainsi le trèfle, la luzerne et bien d'autres genres, comme le sainfoin, la gesse, le pois, appartiennent à une même famille, celle des *légumineuses*, dont le fruit est en forme de gousse plus ou moins allongée renfermant plusieurs graines.

Les familles sont réunies elles-mêmes en groupes plus considérables qu'on nomme des *classes*.

Pour arriver à déterminer une plante qu'on observe et la désigner par son nom de genre et d'espèce, on doit l'examiner avec soin, surtout dans les organes essentiels de la fleur et du fruit, et reconnaître d'abord à quelle famille elle appartient. On facilite cette détermination au moyen de tableaux qu'on nomme *clés analytiques*, qui, par des distinctions successives, conduisent graduellement à la fixation de la famille, du genre et de l'espèce.

Pour se servir utilement des clés des familles et

des genres qui suivent, il convient de s'exercer d'abord sur quelques plantes dont on connaît le nom véritable.

Supposons, comme exemple, que nous ayons un fraisier en fleur sous la main : nous constatons que la plante est herbacée rampante, que la fleur est à cinq pétales égaux, entourés d'un calice à cinq divisions avec cinq bractées plus étroites, qu'elle a plus de douze étamines libres, que le fruit est formé de l'agrégation de plusieurs carpelles.

Nous ouvrons la clé des familles qui va nous conduire pas à pas :

No 1 Plante à fleur apparente (renvoi au n° 2)...... 2
  2 Fleurs disjointes (oui)..................... 3
  3 Fleurs complètes, avec calice et corolle, étamines
    et pistils (oui)......................... 4
  4 Corolle polypétale (oui).................... 5
  5 Ovaire visible dans la corolle (oui).......... 6
  6 Un seul ovaire (non).
    Plusieurs ovaires ou carpelles distincts. (Le fruit
    présente les filaments des styles.) (oui)...... 89
 89 Calice à sépales libres (non)................. 91
 91 Feuilles plus ou moins charnues (non).
    Feuilles non charnues (oui).........*Rosacées*.

Nous savons que le fraisier appartient à la famille des rosacées. Consultons de même la clé des genres de cette famille qui est la 33°.

No 1 Tige ligneuse (non).
    Tige herbacée (oui)..................... 15
 15 Fleurs ayant calice et corolle (oui)........... 16
 16 Pétales blancs ou rouges (oui)............... 17
 17 Tige sans aiguillon (oui).................... 18
 18 Tube du calice dépourvu de pointes accrochantes
    (oui)..................................... 19

19 Calice à 10 segments (oui).................... 20
20 Pétales arrondis ou obovales (oui)............ 21
21 Styles courts (oui)...... 22
22 Pétales arrondis (non).
23 Pétales obovales (oui).... ....Fraisier.

Voilà le genre déterminé.

Si, en procédant ainsi, on reconnaissait qu'on a fait erreur, il faudrait reprendre l'analyse et vérifier bien sur la plante les caractères des numéros sur lesquels on a pu avoir quelque indécision.

Quand on a acquis l'assurance suffisante sur des plantes connues, on peut, par l'application du procédé, arriver graduellement à la détermination de toutes les fleurs qu'on rencontre, en ayant soin de prendre toujours des échantillons bien complets et en bon état, ayant, autant que possible, des fleurs et des fruits.

Si les fruits ne se montraient pas en même temps que la fleur, on devrait prendre d'abord un échantillon en floraison en notant son signalement exact; puis, en recueillant plus tard le fruit, on compléterait la détermination.

CLÉ ANALYTIQUE

POUR LA DÉTERMINATION DES FAMILLES

POLYPÉTALES.

10 { 2 étamines, *Suffrénie*, 40e f. *Lythrariées*.
   { 5 étamines fertiles, 5 stériles, 43e f. *Paronychiées*.
   { 3 à 10 étamines, toutes fertiles.............. 11

11 { Arbrisseaux 12
   { Tige herbacée, ou à peine ligneuse............ 13

12 { Feuilles simples, fruits à plusieurs graines, *Ner-*
   {   *prun*, 30e fam. *Rhamnées*.
   { Feuilles ailées, fruit à 1 noyau, *Pistachier*, 31ef.
   {   *Térébinthacées*.

13 { 1 ou 2 styles, 43e fam. *Paronychiées*.
   { 3 ou 4 styles, 13e fam. *Caryophyllées*.

14 { 3 pétales 15
   { 4 pétales 18
   { 5 pétales 30
   { 6 pétales 64

15 { Tige herbacée............................ 16
   { Tige ligneuse............................ 17

16 { Calice à 2 divisions, *Pourpier*, 42e f. *Portulacées*.
   { Calice à 3 ou 4 divisions, *Élatine*, 13e fam. *Caryo-*
   {   *phyllées*.

17 { Fleurs à étamines et pistils, *Camélée*, 31e fam.
   {   *Térébinthacées*.
   { Fleurs n'ayant qu'étamines ou pistils, *Camarine*,
   {   60e fam. *Ericinées*.

18 { 2 étamines............................ 19
   { Plus de 2 étamines............................ 20

19 { Arbre élevé, *Frêne*, 64e fam. *Jasminées*.
   { Herbe, *Salicaire*, 40e fam. *Lythrariées*.

20 { 4 étamines............................ 21
   { 8 étamines............................ 27
   { 6 étamines dont 2 plus courtes, 5e f. *Crucifères*.

21 { Tige ligneuse............................ 22
   { Tige herbacée............................ 24

84 { 5 étamines style nul, 24ᵉ fam. *Balsaminées.*
   { 6 étamines, style filiforme, 4ᵉ fam. *Fumariacées.*

85 { 3 ou 5 étamines, *Montie*, 42ᵉ fam. *Portulacées.*
   { 4 étamines, *Cumin*, 3ᵉ fam. *Papavéracées.*
   { 6 étamines, *Tecsdalie, Ibéride*, 5ᵉ fam. *Crucifères.*
   { 7 étamines. 86
   { 8 étamines, 11ᵉ fam. *Polygalées.*
   { 10 étamines ou plus. 87

86 { Arbre, *Marronnier*, 20ᵉ fam. *Hippocastanées.*
   { Herbe, *Trientale*, 76ᵉ fam. *Primulacées.*

87 { Pétales supérieurs découpés, 9ᵉ fam. *Résédacées.*
   { Pétales entiers. 88

88 { 5 stigmates, 22ᵉ fam. *Géraniacées.*
   { 1 stigmate, 32ᵉ fam. *Légumineuses.*

89 { Calice à sépales libres. 90
   { Sépales soudés à la base. 91

90 { Étamines libres, 1ʳᵉ fam. *Renonculacées.*
   { Étamines soudées en tube, 18ᵉ fam. *Malvacées.*

91 { Feuilles plus ou moins charnues, 44ᵉ fam. *Cras-*
   {   *sulacées.*
   { Feuilles non charnues, 33ᵉ fam. *Rosacées.*

92 { Fruit à 1 loge. 93
   { Fruit à 2 loges ou plus. 96

93 { Plante ligneuse. 94
   { Plante herbacée. 95

94 { Tige charnue avec articles simulant des feuilles,
   {   45ᵉ fam. *Cactées.*
   { Tige non charnue avec feuilles, 47ᵉ f. *Grossulariées.*

95 { Plante terrestre, corolle nulle, 8-10 étamines,
   {   *Dorine*, 48ᵉ fam. *Saxifragées.*
   { Plante aquatique, corolle nulle, 1 étamine, *Pesse*,
   {   38ᵉ fam. *Halorayées.*
   { Plante aquatique, 4 pétales, 4 étamines, *Macre*,
   {   37ᵉ fam. *Onagraires.*

MONOPÉTALES.

INCOMPLÈTES.

183
- Fruit en baie...................................... 189
- Fruit capsulaire................................... 190

189
- Plante de 5-12 centimètres, fleurs en tête, *Adoxe*, 50ᵉ fam. *Araliacées*.
- Plante de 1-2 mètres, *Phytolaque*, 81ᵒ fam. *Chénopodées*.

190
- Capsule 2-6 loges.......................... 191
- Capsule 1 loge.............................. 192

191
- Feuilles ailées à lanières capillaires, *Volant d'eau*, 38ᵒ fam. *Haloragées*.
- Feuilles réniformes, *Asaret*, 88ᵉ f. *Aristoloches*.

192
- Herbes parasites à écailles, *Cytinet*, 87ᵒ fam. *Cytinées*.
- Herbes feuillées non parasites............... 193

193
- Calice à 2-3 divisions aplanies, 10-12 étamines, *Théligone*, 81ᵉ fam. *Chénopodiées*.
- Calice à 5 divisions, 5 étamines fertiles, 5 stériles, 43ᵒ fam. *Paronychées*.
- Calice à 4 lobes, étamines 5-10.............. 194

194
- 1 style, 83ᵒ fam. *Thymélées*.
- 2-3 styles............................... 195

195
- Capsule à graines nombreuses, *Dorine*, 48ᵒ fam. *Saxifragées*.
- Capsule à 1 graine, *Renouée*, 82ᵒ f. *Polygonées*.

196
- Calice à 5 dents ou lanières, corolle à 5 pétales distincts............................. 19
- Enveloppe florale à divisions semblables....... 19
- Fleurs à pistils dépourvues de calice, fleurs à étamines avec calice à 3 dents, *Althénie*, 96ᵒ f. *Potamées*.

197
- Fleurs en ombelle, *Trinie*, 49ᵒ f. *Ombellifères*.
- Fleurs non en ombelle, 36ᵒ fam. *Cucurbitacées*.

198
- Enveloppe colorée, en forme de corolle....... 19
- Enveloppe glumacée, **en** forme de calice...... 22

211 | Feuilles opposées, 5 étamines **fertiles**, 5 stériles, 43e fam. *Paronychées.*
Feuilles éparses, étamines 4-5 fertiles, *Thésion,* 85e fam. *Santalacées.*

212 | 1 ovaire............................... 213
Plusieurs ovaires ou plusieurs styles.......... 218

213 | Calice à limbe entier allongé en languette, 88e f. *Aristoloches.*
Limbe de la fleur non allongé en languette.... 214

214 | Ovaire adhérent, plante grimpante, *Tamier,* 100e f. *Asparaginées.*
Ovaire adhérent, plantes non grimpantes, 99e f. *Amaryllidées.*
Ovaire libre............................. 215

215 | Fruit en baie, 100e fam. *Asparaginées.*
Fruit capsulaire......................... 216

216 | Fleurs sessiles avec écailles scarieuses, *Aphyllanthe,* 107e fam. *Commélinées.*
Non.................................. 217

217 | Capsule triangulaire, 1 style, 1 ovaire, 101e fam. *Liliacées.*
Capsule à 3 styles, 102e fam. *Colchicacées.*

218 | Fruit en baie, *Smilax,* 100e fam. *Asparaginées.*
Non.................................. 219

219 | 1 capsule à 1 graine, 8 étamines, *Renouée,* 82e f. *Polygonées.*
1 capsule à plusieurs graines, ou plusieurs capsules.................................. 220

220 | Ovaires soudés........................... 221
Ovaires très-distincts, 95e fam. *Alismacées.*

221 | Style nul, *Troscart,* 95e fam. *Alismacées.*
Style plus ou moins long, 102e f. *Colchicacées.*

222 | Arbres ou arbrisseaux.................... 223
Tige herbacée ou un peu ligneuse........... 230

223 { Feuilles ailées ou digitées................. 224
    { Non.................................. 226

224 { Fleurs sessiles sur un spadice entouré d'une spa-
    {   the, 104ᵉ fam. *Palmiers.*
    { Non.................................. 225

225 { Fruit sec, 1 noyau, 1 graine, *Pistachier,* 31ᵉ f.
    {   *Térébinthacées.*
    { Gousse allongée, *Caroubier,* 32ᵉ f. *Légumineuses.*

226 { Feuilles profondément lobées............. 227
    { Feuilles entières, dentées ou sinuées........ 228

227 { Feuilles opposées, fruit sec, ailé, *Érable,* 19ᵉ f.
    {   *Acérinées.*
    { Feuilles alternes, fruit charnu, non ailé, 90ᵉ f.
    {   *Urticées.*

228 { Fruit à 3 cornes, à 3 coques, *Buis,* 89ᵉ fam.
    {   *Euphorbiacées.*
    { Non.................................. 229

229 { Arbre à fruit globuleux, 1 noyau, ou fruit ailé,
    {   90ᵉ fam. *Urticées.*
    { Arbrisseau à chatons et fleurs en épi, 41ᵉ fam.
    {   *Tamariscinées.*
    { Fruit en baie à 1 graine, 86ᵉ fam. *Éléagnées.*
    { Fruit succulent à 2-4 loges, *Nerprun,* 30ᵉ fam.
    {   *Rhamnées.*

230 { Enveloppe florale à 8-12 lobes égaux........ 231
    { Enveloppe florale à 1-6 lobes............. 232

231 { Feuilles indivises, *Salicaire,* 40ᵉ f. *Lythrariées.*
    { Feuilles divisées en lobes filiformes, *Cornifle,*
    {   39ᵉ fam. *Cératophylles.*

232 { Feuilles composées ou digitées............. 233
    { Feuilles simples, rarement pinnatifides....... 235

233 { Étamines et pistils sur des plantes différentes,
    {   90ᵉ fam. *Urticées.*
    { Sur la même plante...................... 234

259 { Capsule à 1 loge, graines nombreuses, *Polycarpe*, 48ᵉ fam. *Paronychées*.
Capsule à 1 loge, 1 graine, *Amaranthe*, 80ᵉ fam. *Amaranthacées*.
Capsule à 3 loges, *Mollugine*, 13ᵉ f. *Caryophyllées*.

260 { Capsule à 3 coques, *Euphorbe*, 89ᵉ fam. *Euphorbiacées*.
Capsule non à 3 coques................... 261

61 { Plante nageante, *Vallisnérie*, 94ᵉ fam. *Hydrocharidées*.
Non................................... 262

262 { Plante un peu ligneuse, non feuillée, *Salicorne*, 81ᵉ fam. *Chénopodées*.
Petite plante, tige et feuilles filiformes, *Suffrénie*, 40ᵉ fam. *Lythrariées*.
Plante élevée, feuilles en fer de lance, *Blite*, 81ᵉ fam. *Chénopodées*.

263 { Fleurs à 6 divisions sur 2 rangs, 103ᵉ f. *Joncées*.
Calice à 1-2 valves ou écailles.............. 264

264 { Calice à 1 valve, chaume sans nœuds, gaîne des feuilles entières, 108ᵉ fam. *Cypéracées*.
Calice à 2 sépales, chaumes noueux, gaîne des feuilles fendue en long, terminée à l'intérieur par une languette, 109ᵉ fam. *Graminées*.

FLEURS COMPOSÉES. 57ᵉ FAMILLE.

265 { Corolles ou fleurettes uniformes, ou tubuleuses et dentées (fleurons), ou déjetées en languette d'un côté (demi-fleurons)................ 266
Corolles de deux formes, fleurons au centre et demi-fleurons au pourtour, 3ᵉ section, *Radiées*, ou *Corymbifères*.

266 { Fleurs composées uniquement de fleurons, 2ᵉ section, *Flosculeuses*, ou *Cynarocéphales*.
Fleurs composées uniquement de demi-fleurons, 1ʳᵉ section, *Semiflosculeuses*, ou *Chicoracées*

CRYPTOGAMES.

267 { Plantes munies de feuilles, tige et racines..... 268
{ Plantes n'offrant ni tiges ni feuilles distinctes... 277

268 { Jeunes feuilles roulées en crosse dans la hauteur. 269
{ Non.................................. 270

269 { Fructifications groupées sur le dos ou sur le bord
de la feuille, rarement en panicule, 112e fam.
Fougères.
{ Fructifications axillaires ou disposées à la base des
pétioles, 113e fam. *Marsiléacées*.

270 { Plantes à rameaux verticillés................ 271
{ Non.................................. 272

271 { Plantes submergées, sans gaînes aux articulations,
110e fam. *Characées*.
{ Plantes terrestres ou marécageuses, munies d'une
gaîne à chaque articulation, 111e fam. *Équi-
sétacées*.

272 { Plantes nageantes, feuilles ovales en cœur, 114e f.
Salviniacées.
{ Plantes à feuilles nulles, ou non ovales en cœur. 273

273 { Fructifications sessiles, crustacées........... 274
{ Fructifications pédicellées, non crustacées...... 276

274 { Plantes munies de feuilles.................. 275
{ Plantes sous forme d'expansions membraneuses,
118e fam. *Hépathiques*.

275 { Fructifications radicales, feuilles en alène, tige
nulle, 115e fam. *Isoètes*.
{ Fructifications axillaires, tiges garnies de feuilles
non en alène, 116e fam. *Lycopodes*.

76 { Fructifications munies d'une coiffe et d'un aper-
cule, 117e fam. *Mousses*.
{ Plantes dépourvues de coiffe et d'opercule, 118e f.
Hépathiques.

CLÉ ANALYTIQUE DES GENRES

1re CLASSE. — DICOTYLÉDONÉES

1re SOUS-CLASSE — THALAMIFLORES

Pétales et étamines insérés sur le réceptacle.

1re Famille. — Renonculacées.

Cette famille ne renferme que des plantes herbacées ou des arbrisseaux sarmenteux, à suc caustique,
quelquefois vénéneux. Son nom est tiré du genre le
plus commun, *renoncule*. La plupart des espèces croissent dans les lieux humides. Quelques-unes sont introduites dans les jardins comme plantes d'ornement:
*renoncule, anémone, ancolie, dauphinelle, aconit, pi-
voine, clématite*; d'autres sont utilisées en médecine:
aconit, narcotique; *anémone pulsatille*, fournit une
eau propre aux amauroses.

1	Pétales réguliers ou nuls........................	2
	Pétales irréguliers, tubuleux, en sac ou éperon...	12
2	Pétales nuls, calice coloré......................	3
	Plusieurs pétales, calice vert..................	6
3	Capsules 5-10, à plusieurs graines, *Populage (Cal-tha)*; bord des eaux vives.	
	Capsules indéfinies à une graine................	4
4	Feuilles opposées, *Clématite*, qq. esp.; haies.	
	Feuilles alternes ou radicales.................	5

5 {
Involucre nul, *Pigamon* (*Thalictrum*), plus. esp.; montagnes.
Involucre à 3 folioles, écarté de la fleur, *Anémone*, plus. esp.; bois, montagnes, printemps.
Involucre en forme de calice, près de la fleur, *Hépatique*; lieux couverts, printemps.
}

6 {
Baie ou capsule à plusieurs graines   7
Capsule à une graine   8
}

7 {
Calice caduc, à 4 sépales, *Actée;* bois, montagnes.
Calice persistant, à 5 sépales, *Pivoine;* montagnes, cultivée.
}

8 {
Capsules prolongées en pointe plumeuse, *Clématite.*
Capsules sans pointe barbue ou plumeuse.   9
}

9 {
Capsules terminées en cornes longues, *Cératocéphale,* moissons.
Capsules non prolongées en cornes.   10
}

10 {
Calice à 5 sépales, capsules terminées par le style court   11
Calice à 3 sépales, capsules obtuses, *Ficaire;* prés humides.
}

11 {
6-10 pétales à onglet nu, *Adonide*, qq. esp.; moissons.
5 pétales verdâtres, onglet filiforme, *Ratoncule,* (*Myosurus*); champs.
5 pétales blancs ou jaunes, munis d'une fossette nectarifère à la base de l'onglet, *Renoncule,* nombr. espèces.
}

12 {
Calice irrégulier, pétaloïde   13
Calice régulier, souvent pétaloïde   14
}

13 {
Calice à sépale supérieur prolongé en éperon, *Dauphinelle,* qq. esp.
Calice à sépale supérieur dressé, concave ou en capuchon, *Aconit,* pl. esp.; montagnes.
}

14 { Calice coloré en jaune, à 15 sépales ou plus, *Trolle* ; prés montueux.
Calice à 5-8 sépales...................... 15

15 { Pétales éperonnés, *Ancolie (Aquilegia)*, qq. esp.; montagnes.
Pétales non éperonnés..................... 16

16 { Capsules soudées en une seule, *Nigelle*, qq. esp.; champs.
Capsules distinctes......................... 17

17 { Sépales 6-8, involucre découpé, *Eranthis*, lieux ombreux.
5 sépales, pas d'involucre................. 18

18 { Calice persistant, 8-10 pétales, *Hellébore*, qq. esp.
Calice caduc, 5 pétales, *Isopyre*; lieux couverts des montagnes.

2° — Berbéridées.

Cette famille ne comprend que deux genres indigènes.

1 { Arbrisseau, 6 pétales jaunes, 6 sépales, *Epine-vinette (Berberis)* ; haies, fruits aigrelets employés en confiserie.
Herbe, 4 pétales pourpre-noir, 4 sépales, *Epimède*; montagnes.

Quelques espèces exotiques, et principalement le *mahonie*, sont introduites dans les jardins d'agrément.

3° — Papavéracées.

Le pavot cultivé, dans les jardins ou les champs, a donné son nom à la famille, qui ne comprend que des plantes herbacées. Le suc de la capsule du *pavot somnifère* fournit l'*opium* et le *laudanum ;* la graine d'une espèce fournit l'*huile d'œillette*, comestible.

1 { Capsule ovale ou globuleuse.................. 2
  { Capsule allongée........................ 3

2 (Style nul, stigmates sessiles, *l'avot* (*Papaver*),
  { qq. esp., dont le *Coquelicot* et l'*Argémone* des
  { champs.
  (Style court, stigmates libres, *Ménocopsis*; Pyrénées.

3 (Capsule à 3-4 valves, fleurs violettes, *Rœmérie*;
  { Midi.
  (Capsule à 2 valves..................... 4

4 (Capsule noueuse, articulée en travers, *Cumin* (*Hy-*
  { *pecoun*); champs.
  (Non............................... 5

5 (Capsule à 2 loges, graines sur un rang, *Glaucière*;
  | Midi.
  { Capsule à 1 loge, fleurs en ombelle, *Chélidoine*;
  | haies, décombres.
  (Pédoncule dilaté en tube au sommet, feuilles dé-
  (coupées, linéaires, *Chryséis* (*Eschscholtzia*); jar-
  (dins, ornement.

4° — Fumariacées.

Petites plantes herbacées très-frêles, à fleurs en
épi, comprenant deux genres indigènes, dont le plus
commun, *fumeterre*, donne un suc amer, tonique, dé-
puratif, et un genre exotique cultivé comme ornement dans les jardins.

1 (Fruit globuleux, à une seule graine, *Fumeterre*,
  | qq. esp.; champs.
  { Fruit ovale-oblong, aplati, à plusieurs graines, *Co-*
  | *rydale*; haies, bois.
  (Fleur en forme de lyre, *Diclytra*; cultivé comme
  (ornement.

5ᵉ — Crucifères.

Famille nombreuse de plantes herbacées à 4 pétales en croix, 6 étamines, dont deux plus courtes opposées, fruit en *silique*, quatre fois au moins plus
long que large, ou en *silicule*, dont la longueur n'atteint pas quatre fois la largeur.

Elle renferme des plantes potagères, comme le *chou*,
le *radis*; — des condiments: le *cresson*, le *raifort*, la
moutarde; — des plantes oléagineuses: le *colza*, la
navette; — une plante colorante: le *pastel*; — et des
plantes d'ornement: le *velar*, la *giroflée*, la *julienne*,
le *thlaspi*.

1	Silique, fruit au moins 4 fois plus long que large..............................	2
	Silicule, fruit dont la longueur n'atteint pas 4 fois la largeur............................	27
2	Silique articulée...........................	3
	Silique non articulée........................	5
3	Silique à 2 articles, calice égal à la base........	4
	Articles nombreux, calice à 2 bosses à la base, *Raifort* (*Raphanus*), 1 espèce cultivée, qq. autres spontanées; champs.	
4	Article supérieur allongé, à 8-9 graines, *Enarthrocarpe*; Hérault.	
	Article supérieur ovale, à 1 graine, *Rapistre*, qq. esp.; champs sablonneux.	
5	Graines ovales, globuleuses, non bordées......	6
	Graines comprimées, souvent bordées.........	20
6	Calice dressé et fermé.....................	7
	Calice étalé..............................	17
7	Silique comprimée.........................	8
	Silique cylindrique ou tétragone..............	14

30 { Calice égal à la base, *Enarthrocarpe*.
{ Calice à 2 bosses à la base, *Radis*.

31 { Calice dressé........................... 32
{ Calice étalé............................ 33

32 { Article inférieur de la silicule sans valves à une
{   graine, *Rapistre*, qq. esp.; Midi.
{ Article inférieur à 2 valves, 2 loges à plusieurs
{   graines, *Erucaire*; Midi.

33 { Article supérieur de la silicule globuleux, *Crambé*;
{   bords de la Méditerranée.
{ Article supérieur en épée, *Caquillier*; sables mari-
{   times.

34 { Silicule à 2-4 loges...................... 35
{ Silicule à 1 loge........................ 36

35 { Silicule à 2 loges, fleurs blanches, petites, *Séne-*
{   *bière*; sentiers.
{ Silicule à 4 loges, fleurs jaunes, *Bunias*; champs.

36 { Silicule presque globuleuse................ 37
{ Silicule aplanie, ovale-oblongue ou en coin..... 38
{ Silicule plane, orbiculaire, *Clypéole*; Midi.

37 { Silicule à 2 graines, fleurs jaunes, *Neslie*; bord
{   des champs.
{ Silicule à 1 graine, fleurs blanches, *Calépine*;
{   champs, vignes.

38 { Calice étalé, silicule ovale-oblongue, à 1 loge, fleurs
{   jaunes, *Pastel* (*Isatis*); lieux secs.
{ Calice demi-dressé, silicule en coin, à 1 loge à la
{   base, 2 cellules vides dans le haut, fleurs jau-
{   nâtres, *Myagre*; champs.
{ Calice demi-étalé, silicule arrondie, plane, à 1 loge,
{   fleurs blanches, *Peltaire*; Alpes.

39 { Silicule à cloison large, parallèle aux valves..... 40
{ Silicule à cloison très-étroite, perpendiculaire aux
{   valves................................. 51

40 { Silicule gonflée à valves très-convexes......... 41
{ Silicule comprimée à valves planes, un peu convexes.................................... 4:

41 { Fleurs jaunes ou jaunâtres.................. 4:
{ Fleurs blanches........................... 4:

42 {
Fleurs jaunâtres, calice dressé, presque égal à la
base, *Caméline*; champs.
Fleurs jaunes, calice dressé à 2 bosses à la base,
Vésicaire; rochers.
Fleurs jaunes, calice étalé, égal à la base, *Cresson*;
lieux humides.

43 {
Calice presque dressé, feuilles radicales en alène,
Subulaire; lieux humides.
Calice étalé, feuilles non en alène, *Cranson (Co-
chlearia)*; plus. esp.

44 {
Cordons des graines adhérents à la cloison, fleurs
roses ou purpurines.................... 45
Cordons des graines libres, fleurs blanches ou
jaunes............................... 46

45 {
Plante de 30 centimètres à 1 mètre, feuilles en-
tières, *Lunaire*; bois montueux.
Plante de 2 à 10 centimètres, feuilles lobées,
Pétrocalle; débris des hautes montagnes.

46 { Filets des étamines tous ou quelques-uns dentés. 47
{ Tous les filets dépourvus de dents........... 49

47 {
Silicule petite, calice égal à la base........... 48
Silicule grande, calice à 2 bosses à la base, *Farsé-
tie*; collines pierreuses, Midi.

48 {
Silicules pendantes à la fin, 1 loge, 1 graine, *Cly-
péole*; Midi.
Silicules non pendantes, 2 loges à 2-8 graines,
Alysson; plus. esp.

— 106 —

49 { Graines comprimées ou bordées, 1-2 dans chaque
loge. 50
Graines nombreuses, non bordées, sur deux rangs,
Drave (*Draba*); plus. esp., principalement montagnes.

50 { Silicule s'ouvrant à peine, *Peltaire.*
Silicule s'ouvrant d'elle-même, *Alysson.*

51 { Loges de la silicule à 1 graine. 52
Loges à 2 graines ou plus 56

52 { Fleurs blanches ou purpurines. 53
Fleurs jaunes, *Lunetière* (*Biscutella*); q.q. esp.,
montagnes.

53 { Grandes étamines dentées en dedans, *Æthionème*;
coteaux pierreux.
Non. 54

54 { Pétales égaux 55
Pétales extérieurs plus grands, *Ibéride*; plus. esp.,
divers lieux.

55 { Valves de la silicule ridées ou dentées en crête sur
le dos, *Sénébière*; champs, sentiers.
Valves en carène aiguë, souvent ailée, *Passerage*
(*Lepidium*); plus. esp.

56 { Grandes étamines munies d'une dent ou d'une
écaille 57
Non 58

57 { Grandes étamines dentées au sommet, fleurs rosées, *Œthionème.*
Grandes étamines écailleuses à la base, fleurs
blanches, *Téesdalie*; lieux sablonneux.

58 { Valves de la silicule ailées. 59
Valves non ailées. 60

59 { Valves en nacelle, 2 graines ou plus dans chaque
loge, *Tabouret* (*Thlaspi*); plus. esp.
Valves en carène, 1-2 graines dans chaque loge,
Passerage (*Lepidium*); plus. esp.

80 { Silicule ovale ou oblongue 61
Silicule triangulaire, *Capselle* (*Bourse à Pasteur*);
décombres, champs.

61 { Feuilles entières ou dentées, silicule échancrée,
Tabouret.
Feuilles pinnatifides, silicule entière, *Passerage.*

6ᵉ — Capparidées.

Un seul genre indigène forme cette famille, c'est le
câprier, arbuste à rameaux sarmenteux garnis d'é-
pines, fleurs grandes, rosées, à nombreuses et longues étamines, croissant dans le Midi; cultivé pour
les boutons des fleurs qui, confits dans le vinaigre,
servent de condiment sous le nom de *câpres.*

7ᵉ — Cistées.

Elle comprend deux genres : les *cistes*, arbustes du
Midi, à fleurs assez grandes; les *hélianthèmes*, herbes
ou sous-arbrisseaux de toutes les régions sèches.

1 { Arbrisseaux, calice à 5 sépales presque égaux, *Ciste*;
plus. esp., lieux arides, Midi.
Herbes ou sous-arbrisseaux, calice à 3 sépales ou à
5 dont 2 extérieurs très-petits, *Hélianthème*;
plus. esp., lieux secs.

8ᵉ — Violacées.

Cette famille est formée du seul genre *violette*, qui
comprend de nombreuses espèces et particulièremen
celles qu'on élève dans les jardins sous le nom de
pensées. La violette est recherchée pour son parfum,
elle entre dans les tisanes pectorales.

9ᵉ — Résédacées.

Plantes herbacées distribuées en deux genres.

1 { Capsules soudées en une seule à 1 loge, *Réséda*;
plus. esp., champs et jardins.
4-6 capsules étalées en étoile, *Étoile* (*Astrocarpus*);
champs sablonneux.

10° — Droséracées.

Plantes herbacées, faibles, croissant dans les lieu
humides, les marais tourbeux ou les eaux.

1 { 4 stigmates sessiles, fleurs blanches, assez grandes,
Parnassie.
3-5 styles bifides, petites fleurs, *Rossolis* (*Drosera*);
marais tourbeux.
5 styles courts, filiformes, tige flottante dans l'eau,
Aldrovande; Midi.

11° — Polygalées.

Le genre *polygala*, dont les diverses espèces croissent dans les prés ou sur les collines, forme seul cette
famille. Son nom est dû à ce qu'on attribue au *polygala commun* la propriété de donner beaucoup de lait
aux bestiaux qui s'en nourrissent.

12° — Frankéniacées.

Famille formée du seul genre *frankénie*, dont trois
espèces, à tiges faibles couchées, croissent sur les
bords de la Méditerranée ou de l'Océan.

13° — Caryophyllées.

Cette famille ne comprend que des espèces herbacées; son type est l'*œillet*, qu'on nomme vulgairement *giroflée,* et dont les diverses espèces font l'ornement des jardins. La *saponaire officinale* fournit
des infusions dépuratives.

1 { Calice tubuleux à divisions n'atteignant pas toute la longueur 2
Calice à sépales libres, ou à peine soudés à la base. . 7

2 { 2 styles................................ 3
3 styles................................ 6
5 styles, *Lychnide*; plusieurs espèces, prés, champs.

3 { Pétales sans onglet, *Gypsophile*; qq. espèces, lieux pierreux.
Pétales munis d'un onglet. 4

4 { Calice entouré à la base de 2 à quatre écailles, *Œillet (Dianthus)*; nombreuses esp. et divers lieux.
Calice nu à la base.................... 5

5 { Pétales courts, étamines 5-6, *Vélèze*; lieux arides, midi.
Pétales assez grands, 10 étamines, *Saponaire*; qq. espèces.

6 { Calice tubuleux, capsule non charnue, *Silène*; nombreuses espèces.
Calice en cloche, capsule charnue, *Cucubale*; haies.

{ 2 styles................................ 8
3 styles................................ 9
4 styles................................ 15
5 styles................................ 17

8 { 4 pétales, 4 étamines, *Buffonie*; lieux secs, midi.
4 pétales, 8 étamines, *Méringie*; rochers ombragés.
5 pétales, 10 étamines, *Goufféie*; lieux rocailleux, Marseille.

9 { Pétales nuls............................. 10
5 pétales 11

10 { Capsule à 3 loges, feuilles verticillées, *Mollugine*; Pyrénées orientales.
Capsule à 1 loge, feuilles opposées, *Sagine*: lieux sablonneux.

Pétales dentés rongés, *Holostée* ; champs.
Pétales entiers............................ 12
Pétales bifides ou échancrés................ 13

12 { Calice à 5 divisions, 10 glandes *Honckénie* ; sables
maritimes.
Calice à 5 sépales étalés, pas de glandes, *Sabline*
(*Arénaria*) ; nombreuses espèces.

13 { Pétales assez grands, bifides................ 14
Pétales très-petits, échancrés, *Cherlérie* ; Alpes.

14 { Capsule saillante, 6 valves ou 6 dents, *Stellaire* ;
plusieurs espèces.
Capsule plus courte que le calice, 5 valves, *Malachie*.

15 { Pétales nuls, *Sagine*.
Pétales 3-5............................... 16

16 { Capsule à 3-4 loges, graines courbées, *Elatine* ;
lieux inondés.
Capsule à 1 loge, graines grenues, *Sagine*.

17 { Pétales entiers, *Spargoute* (*Spergula*) ; qq. esp.
Pétales bifides, capsule saillante, *Céraiste* ; div. esp.
Pétales bifides, capsule non saillante, *Malachie*.

14e — Linées.

Le *lin,* dont une espèce est cultivée comme plante
textile par ses fibres et oléagineuse par ses graines,
forme le principal genre de cette famille qui n'en réunit que deux.

{ 5 sépales entiers, 5 étamines fertiles, 5 syles, *Lin* ;
diverses espèces.
4 sépales bifides, 4 étamines fertiles, 4 styles, *Ra-
diole* ; lieux sablonneux.

15e — Hypéricées.

Deux genres forment également cette famille. L
nom de *Millepertuis*, donné au genre le plus commun,

vient de ce que les feuilles sont ponctuées de parties transparentes comme si elles étaient percées de trous.

1 {
Capsules à 1 loge, *Millepertuis* (*hypericum*); plus. esp.
Baie à 3 loges, *Androsème*; lieux humides, ombrag.
}

16° — Hespéridées.

L'*oranger* et ses espèces : *citronnier, cédratier, limonier,* forment cette famille, qui fournit des fruits très-estimés, et qui ne croît en France que sur le littoral de la Méditerranée.

On peut y rattacher le *thé*, dont les feuilles exportées de la Chine sont employées pour des infusions digestives.

17° — Tiliacées.

Le *tilleul*, dont on distingue trois espèces, forme seul cette famille d'arbres qui ombragent les places publiques et les allées dans plusieurs régions, et dont les fleurs sont employées en infusions.

18° — Malvacées.

Cette famille comprend des arbustes et des herbes; elle tire son nom du genre le plus commun, la *mauve.* Toutes les plantes de la famille jouissent de propriétés émollientes utilisées, en médecine; quelques-unes, exotiques, sont cultivées dans les jardins d'agrément.

1 {
Calice simple ou nul, *Sida* (*Abutilon*); Gard, jardins.
Calice double, ou entouré d'un involucre......... 2
}

⎧ Capsules soudées en 1 seule à 5 loges, *Hibisque*, ou
⎪   *Ketmie*; Pyrénées, jardins.
2 ⎨ Capsules agrégées en tête, *Malope*; Provence.
⎩ Capsules verticillées, disposées en cercle.........   **3**

⎧ Involucre à 3 folioles, *Mauve (Malva)*; div. esp.
⎪ Involucre adhérent à 6-9 lobes, *Guimauve (Althea)*;
3 ⎨   qq. esp.
⎪ Involucre adhérant à 3-6 lobes, *Lavatère*; pl. esp.
⎩   Midi.

A cette famille appartiennent : le *cotonnier*, dont le duvet qui entoure les graines fournit le coton ; cultivé dans l'Inde, l'Amérique et l'Afrique ; — le *Boabab*, le plus grand arbre connu.

19ᵉ — Acérinées.

Un seul genre, l'*érable (acer)*, arbre à feuilles palmées, fleurs en corymbe, fruits ailés, bois à grain fin très-propre aux travaux de tour. L'espèce indigène la plus élevée, et désignée sous le nom de *faux-sycomore*, croît dans les montagnes. La séve d'un érable de l'Amérique du Nord fournit du sucre.

20ᵉ — Hippocastanées.

Un seul genre, cultivé en France pour son ombrage, est le *marronnier d'Inde*, qui acquiert de grandes dimensions ; on en distingue deux espèces : l'une à fleurs blanches, l'autre à fleurs rouges.

21ᵉ — Ampélopsidées.

Arbustes sarmenteux dont on distingue deux genres : la *vigne-vierge*, cultivée pour l'ornement des clôtures ; la *vigne*, cultivée pour son fruit et le vin qu'il produit.

22° — Géraniacées.

Plantes herbacées, ordinairement noueuses et penchées ou couchées, formant trois genres :

1 { Calice, dont un sépale se prolonge en éperon creux et droit, *Pelargonium* (vulgairement *Géranium* des jardins).
Pas de sépale prolongé en éperon   2

2 { 10 étamines toutes fertiles, *Géranium* (*Bec - de - grue*) ; diverses espèces.
5 étamines fertiles, 5 stériles, *Erodium* (*Bec-de-héron*) ; plusieurs espèces.

23° — Tropéolées.

Ne comprend que la *capucine* (*tropeolum*), plante d'ornement à tiges couchées ou grimpantes, feuilles orbiculaires, fleurs jaunes, saveur piquante. Les fleurs et les fruits, confits dans le vinaigre, sont employés comme condiments.

24° — Balsaminées.

Herbes à tige tendre, fleurs solitaires ou en grappes.

1 { Pédoncules uniflores, *Balsamine*, cultivée dans les jardins.
Pédoncules multiflores, *Impatiente*, croît dans les lieux ombragés, fleurs jaunes ; le fruit se tord par l'élasticité des valves, aussitôt qu'on le touche ; de là la dénomination de *N'y touchez pas*.

25° — Oxalidées.

Un seul genre, l'*oxalis*, ainsi nommé à cause de l'acidité de ses feuilles ; plantes grêles à feuilles trilobées cordiformes. L'espèce la plus abondante, *oxalide*, *oseille*, vulgairement *pain de coucou*, *alleluia*, fleurit en avril dans les bois humides et fournit le sel d'oseille.

26ᵉ — Zygophyllées.

Représentées en France par le seul genre *tribule*, herbe diffuse à fleur jaune ou blanche, qui porte le nom de *croix de Malte* ; Midi.

27ᵉ — Rutacées.

Plantes à tige herbacée ou sous-ligneuse, à forte odeur, croissant principalement dans les lieux secs du Midi; deux genres :

1 { Fleurs jaunâtres en corymbe à 8-10 étamines, *Rue*; qq. espèces.
  Fleurs blanches purpurines en panicule élégante, *Dictame* (*Fraxinelle*).

28ᵉ — Coriariées.

Arbrisseaux à rameaux presque tétragones, fleurs en grappes : les unes à étamines ou pistils seulement, d'autres avec étamines et pistils à la fois ; un seul genre croissant dans le Midi, *Corroyère*, fleurs verdâtres, baies noires luisantes; plante employée en teinture et pour le tannage à cause de son suc astringent.

2ᵉ SOUS-CLASSE — CALICIFLORES

Pétales et étamines insérés sur le calice.

29° — Célastrinées.

Arbres ou arbrisseaux, deux genres :

1 {
Feuilles simples, fleurs en cyme, capsule rouge,
Fusain (*Evonymus*), vulgairement *Bonnet de prêtre*,
à cause de la forme du fruit; haies, bois.
Feuilles ailées, fleurs en panicule, graines ferrugineuses, *Staphylier* (*faux pistachier*) coteaux du Midi.

30° — Rhamnées.

Arbrisseaux à feuilles simples avec stipules, fleurs petites, verdâtres, trois genres :

1 {
Fleurs verdâtres, fruit sec, ou baie à 2-4 loges,
Nerprun (*Rhamnus*); plus. esp. employées en teinture et en médecine.
Fleurs jaunes, fruit ailé, 2 aiguillons à la base du pétiole, *Paliure* ; haies du Midi.
Fleurs jaunes, fruit oblong rougeâtre, émollient, employé en médecine, *Jujubier* (*Zizifus*) : bords de la Méditerranée.

31° — Térébinthacées.

Arbres ou arbrisseaux à écorce résineuse balsamique, fleurs petites en panicule; trois genres indigènes, principalement dans le Midi.

1 {
Fleurs en chatons, *Pistachier*, trois espèces : *Lentisque, Thérébinthe*, employées en médecine.
Fleurs en panicule, *Sumac* (*Rhus*) ; deux espèces employées pour la teinture ou le tannage.
Fleurs jaunes petites, fruit à 3 coques, *Camélée* (*Cneorum*).

A cette famille appartiennent :

L'*Aylante glanduleux,* ou *vernis du Japon,* dont la feuille nourrit une espèce de ver à soie ;

L'*Acajou,* qui fournit un bois très-beau pour l'ébénisterie ;

Les diverses espèces de *baumiers,* qui fournissent le baume de la Mecque, l'encens, la myrrhe, l'oliban.

32° — Légumineuses.

La plus nombreuse des familles végétales, comprenant des herbes, des arbustes, des arbrisseaux et des arbres ; fournissant des fourrages pour les bestiaux et des graines féculentes pour l'alimentation de l'homme ; caractérisée principalement par le fruit en forme de gousse ou *légume,* comme le haricot, et par la fleur papilionacée, formée de 4 pétales : le plus grand étalé, *étendard,* deux latéraux, *ailes,* et le quatrième en *carène ;* les étamines, au nombre de 10, forment par leurs filets un fourreau autour du pistil.

Graines alimentaires : *haricot, pois, fève, lentille, ers ;* — plantes fourragères : *trèfle, luzerne, sainfoin, gesse, vesce, mélilot, galega ;* — médicinales : *lupin, réglisse ;* — industrielle : *genêt des teinturiers ;* — d'ornement : *robinier faux-acacia, cytise,* et plusieurs autres plantes exotiques.

1 { Corolle nulle ou presque papilionacée . . . . ,.   2
{ Corolle papilionacée   3

2 { Corolle nulle, longue gousse coriace, arbre élevé,   *Caroubier ;* Midi.
{ Corolle presque papilionacée, gousse mince, fleurs   roses, arbre, *Gainier (Cercis,* vulg. arbre de Judée).

3 { Etamines libres, petit arbre à gousse tortueuse,   *Anagyre ;* Midi.
{ Etamines soudées en 1 ou 2 corps   4

4 { Gousse partagée transversalement en loges à 1 graine.   5
   { Gousse continue.......................   11

5 { Fleurs en grappe.......................   6
   { Fleurs en ombelle.......................   7

6 { Gousse composée d'un seul article, *Esparcette* (*Onobrychis*); qq. esp.
   { Gousse composée de plusieurs articles, **Sainfoin** (*Hedysarum*); qq. esp.

7 { Calice à deux lèvres, gousse terminée en bec, *Sécurigère*; Auvergne, Midi.
   { Calice égal, gousse dépourvue de bec..........   8

   { Calice à 5 dents presque égales.............   9
8 { Calice sinué à 5 dents, les deux supérieures réunies, *Coronille*; champs, coteaux.

9 { Calice dépourvu de bractées................   10
   { Calice muni de bractées, fleurs très-petites, *Ornithope* (*Pied-d'oiseau*); champs.

    { Gousse contournée en spirale à côtes épineuses, fleurs jaunes, *Scorpiure*; champs.
10 { Gousse comprimée à échancrures en fer à cheval, fleurs jaunes, *Hippocrépide*; lieux pierreux.
    { Gousse anguleuse à côtes lisses, fleurs jaunes très-petites, *Arthrolobe*; champs du Midi.

    { Calice à 2 lèvres.......................   12
    { Calice égal.......................   20
11 { Calice à une lèvre, la supérieure nulle, l'inférieure à 5 dents, arbrisseau effilé, *Spartianthe* (vulg. *Genêt d'Espagne*); lieux arides.

12 { Etamines en deux faisceaux, une séparée.......   13
   { Etamines en un seul faisceau................   15

13 { Carène contournée, *Haricot* (*Phaseolus*).
   { Carène droite.......................   14

7.

14 { Feuilles munies de stipules, *Dorychnie* ; lieux incultes, Midi.
Feuilles dépourvues de stipules, *Réglisse* (*Glycyrrhiza*).

15 { Tige herbacée 16
Tige ligneuse............................ 17

16 { Feuilles simples, *Genêt à tige ailée* ; coteaux secs.
Feuilles digitées à 5-9 folioles, *Lupin* ; Midi.

17 { Gousse dépassant à peine le calice, arbrisseau épineux, *Ajonc* (*Ulex*) ; qq. esp., lieux secs et stériles.
Gousse plus longue que le calice.............. 18

18 { Gousse couverte de glandes, fleurs bleuâtres, *Psoralier* ; Midi.
Gousse non glanduleuse.................... 19

19 { Étendard à la fin déjeté, arbrisseau à rameaux anguleux, fleurs en épi lâche, *Spartium* (*Genêt à balais*) ; taillis.
Carène laissant apparaître les étamines et le pistil, arbrisseau, *Genêt* ; div. esp.
Carène renfermant les étamines et le pistil, arbrisseau, *Cytise* ; div. esp.
Carène obtuse, renfermant les étamines et le pistil, gousse comprimée, *Adénocarpe* ; qq. esp.

20 { Étamines en un seul faisceau................. 21
Étamines en deux faisceaux, une séparée....... 23

21 { Calice à 5 lanières linéaires, *Bugrane* (*Ononis*) ; div. esp.
Calice à 5 dents.......................... 22

22 { Calice fendu en dessus, ne renfermant pas la gousse, *Spartianthe*.
Calice non fendu renfermant la gousse, *Anthyllide*, des espèces herbacées, d'autres ligneuses.

23 { Pétiole des feuilles terminé en soie ou en vrille.. 24
Non................................... 28

Plusieurs plantes exotiques de la famille fournissent des produits utilisés pour l'industrie ou la pharmacie : l'*indigotier*, originaire de l'Inde, fournit le bleu indigo; — l'*acacia du Sénégal*, la gomme arabique; — les *myroxylon*, le baume du Pérou et de Tolu; — les *cassia*, le séné et les follicules des pharmacies.

33ᵉ — Rosacées.

Famille assez nombreuse qui renferme des herbes, comme le *fraisier;* des arbrisseaux, le *rosier*, et des arbres, le *pommier;* elle nous fournit la plupart des fruits de table, et tire son nom de la *rose*, qui a toujours été considérée comme la plus belle des fleurs par son parfum et par l'éclat de ses couleurs.

1 { Tige ligneuse, arbre ou arbrisseau............. 2
{ Plante herbacée ou sous-ligneuse.............. 15

2 { Calice caduc, ou inférieur.................,... 3
{ Calice adhérent au fruit, ou supérieur.,,,,,,,,. 6

3 { Fleurs à pédicelle très-court,......,,,,,,,,,,· 4
{ Fleurs à pédicelle sensible 5

4 { Fruit peu charnu, noyau oblong, lisse et poreux, Amandier (*Amygdalus*).
{ Fruit très-charnu, noyau ovale sillonné, *Pêcher* (*Persica*).
{ Fruit très-charnu, noyau comprimé , *Abricotier* (*Armenica*),

5 { Pédoncules plus longs que le diamètre de la fleur, noyau presque globuleux, *Cerisier* (*Cerasus*) ; div. esp, et variétés,
{ Pédoncules plus courts que le diamètre de la fleur, noyau un peu comprimé, *Prunier* (*Prunus*) ; div. esp. et var,

6 { Pistils nombreux, graines nombreuses adhérentes au calice accru en forme de baie, *Rosier*; div. esp., nombr. var.
{ Pistils 1-5, fruit charnu, 2-5 loges de 1-2 graines. 7

7 { Limbe du calice à 5 dents ....,,...,,. 8
{ Limbe du calice à 5 divisions ou à 5 lobes,,...,.. 9

8 { Arbres à fleurs en cyme, feuilles ailées ou dentées, *Sorbier* (*Sorbus*); qq. esp.
{ Arbrisseaux à fleurs solitaires, ou peu nombreuses, feuilles simples, *Cotonnier* (*Cotoneaster*) ; bois taillis.

9 { Pétales lancéolés, arbrisseau, *Amélanchier*, coteaux secs.
{ Pétales plus ou moins arrondis, arbres.......... 10

19 { Calice à 5 segments égaux, *Spirée*; plus. esp.,
dont qq. arbrisseaux cultivés dans les jardins.
Calice à 10 segments, alternativement larges et
étroits............................. 20

20 { Pétales acuminés, plante des marais, *Comaret.*
Pétales arrondis ou ovales.................. 21

21 { Styles persistants allongés après la floraison, *Benoite (Geum)*; pl. esp.
Styles caducs, courts...................... 22

22 { Pétales arrondis, réceptacle sec, *Potentille*; nombr.
esp.
Pétales obovales, réceptacle devenant charnu et
succulent, *Fraisier*; plus. esp., nombreuses
variétés.

23 { Fleurs axillaires ou en corymbe, *Alchimille*; pl.
espèces.
Fleurs en capitules serrés.................. 24

24 { 4 étamines, stigmate simple, *Sanguisorbe*; près secs.
20 à 30 étamines, stigmates en pinceau, *Pimprenelle (Potérium)*.

34ᵉ — Granatées.

Un seul genre et une seule espèce, *grenadier (Punica)*; arbrisseau à grandes fleurs écarlates, fruit comestible; Midi.

35ᵉ — Myrtacées.

Arbrisseaux; deux genres:
Myrte, fleurs blanches, fruits noirs; rochers arides du Midi.
Seringat (Philadelphus), grandes fleurs blanches odorantes, cultivé dans les jardins.
A cette famille appartiennent: le *Caryophillus*, cul-

tivé à Cayenne, qui donne le *clou de girofle;* les *Euca-lyptus,* de la Nouvelle-Hollande, qui atteignènt plus de 50 mètres de hauteur.

36ᵉ — Cucurbitacées.

Tiges rampantes ou grimpantes, herbacées, à vrilles, fleurs à étamines distinctes de celles à pistil, sur le même pied ou sur des pieds différents. Plantes alimentaires : *melon, courge, concombre;* purgatives, drastiques : *Bryone, Momordique.*

1 { Pétales libres ou à peine soudés à la base....... 2
{ Pétales soudés en corolle monopétale............ 4

2 { Calice à 5 dents, graines peu nombreuses, fruit en baie globuleuse, jaune, puis rouge, *Bryone;* haies.
{ Calice à 5 lanières, graines nombreuses.......... 3

3 { Graines ovales comprimées, amincies au bord, *Melon, Concombre;* div. esp. et variétés cultivées.
{ Graines renflées au bord, échancrées aux deux extrémités, *Calebasse (Lagenaria);* cultivée.

4 { Plante sans vrilles, fruit hérissé, rude, *Momordique;* lieux stériles du Midi.
{ Plante avec vrilles, fruit lisse, *Courge (Cucurbita);* div. esp. et var. cultiv.

37ᵉ — Onagraires.

Plantes herbacées à fleurs en épi, dont plusieurs genres exotiques, particulièrement le *fuchsia* cultivé pour l'ornement.

1 { Fruit à 4 cornes à 1 graine très-grosse, *Macre (Trapa, Châtaigne d'eau);* étangs, fossés.
{ Capsule sans cornés............................ 2

2 { 2 pétales, capsules à 2 loges ; *Circée* ; haies.
4 pétales, capsules à 4 loges................. 3

3 { Limbe du calice persistant, 4 étamines, herbe aquatique, *Isnardie* ; marais.
Limbe du calice non persistant, 8 étamines...... 4

4 { Graines chevelues, fleurs purpurines, *Epilobe* ; div.
espèces.
Graines non chevelues, fleurs jaunes, *Onagre* (*OEno-
thera*), cultivée dans les jardins.

38ᵉ — Haloragées.

Plantes herbacées, aquatiques.

1 { Calice à 4 lobes, 4 pétales, 4-8 étamines, herbes
submergées, *Volant d'eau* (*Myriophyllum*) ; eaux
dormantes.
Calice entier très-petit, pétales nuls, 1 étamine, tige
hors de l'eau, *Pesse* (*Hippuris*) ; fossés, étangs.
Calice non visible, pétales nuls, 1 étamine, sur l'eau,
Callitrique ; mares, fossés, ruisseaux.

39ᵉ — Cératophyllées.

Herbes aquatiques submergées, un seul genre.
Cornifle (*Ceratophyllum*), feuilles verticillées, divi-
sées en lobes filiformes, fleurs sans pétales, entourées d'un involucre de 10-12 lobes; eaux tranquilles,
fossés, mares.

40ᵉ — Lythrariées.

Herbes à feuilles entières, croissant dans les lieux
humides.

1 { Corolle apparente 2
Corolle nulle, 2 étamines, fleurs très-petites, d'un
blanc jaunâtre, *Suffrénie* ; Arles.

$\left\{\begin{array}{l}\text{6 pétales, 12 étamines, fleurs purpurines, } \textit{Salicaire}\\ \quad(\textit{Lythrum})\text{; div. esp., fossés, ruisseaux.}\\ \text{6 pétales très-petits, 6 étamines, fleurs blanches,}\\ \quad\textit{Péplide}\text{; plante couchée sur le sol, lieux humides}\\ \quad\text{presque desséchés.}\end{array}\right.$

2

41ᵉ — Tamariscinées.

Arbrisseaux à rameaux effilés, feuilles très-menues, fleurs en épi, croissant sur les sables au bord des eaux.

1 $\left\{\begin{array}{l}\text{Sépales et pétales 5, 5 étamines libres égales, trois}\\ \quad\text{styles, } \textit{Tamarisque.}\\ \text{Sépales et pétales 5, 10 étamines soudées inégales,}\\ \quad\text{pas de style, 3 stigmates sessiles, } \textit{Myricaire.}\end{array}\right.$

42ᵉ — Portulacées.

Herbes rampantes à feuilles succulentes, entières.

1 $\left\{\begin{array}{l}\text{Feuilles ovales, fleurs jaunes, } \textit{Pourpier (Portulacca)}\text{;}\\ \quad\text{cultivé et spontané sur les allées sablonneuses des}\\ \quad\text{jardins.}\\ \text{Feuilles linéaires, fleurs blanches, } \textit{Montie}\text{; lieux frais,}\\ \quad\text{sources.}\end{array}\right.$

43ᵉ — Paronychées.

Herbes petites, rameuses, à feuilles entières sessiles.

1 $\left\{\begin{array}{ll}\text{Feuilles toutes alternes.}\dots\dots\dots\dots\dots\dots & 2\\ \text{Feuilles inférieures opposées}\dots\dots\dots\dots\dots & 3\end{array}\right.$

2 $\left\{\begin{array}{l}\text{Tige ferme, feuilles ovales, } \textit{Télèphe}\text{; lieux secs et}\\ \quad\text{chauds.}\\ \text{Tige grêle, feuilles linéaires, } \textit{Corrigiole}\text{; lieux sa-}\\ \quad\text{blonneux.}\end{array}\right.$

3 { Feuilles sans stipules........................ 4
{ Feuilles stipulées........................... 5

4 { Corolle nulle, étamines 5-10, *Gnavelle* (*Scléranthe*),
{ coteaux, champs siliceux, terrains granitiques.
{ Pétales 3-5 très-petils, étamines 3-5, *Lœfflingie*,
{ Midi.

5 { Style trifide, ovaire à plusieurs graines.......... 6
{ Style à 2 divisions, ovaire à une seule graine.... 7

6 { Stipules scarieuses, *Polycarpe* ; Midi, sables.
{ Stipules réduites à deux soies, *Lœfflingie*.

7 { Calice à divisions concaves terminées par une pointe. 8
{ Non, *Herniaire* ; lieux sablonneux.

8 { Divisions du calice cartilagineuses épaissies sur le
{ dos, *Illécèbre* ; terres argileuses ou sablonneuses.
{ Divisions du calice membraneuses ou herbacées,
{ *Paronyque* ; Midi et montagnes. qq. esp.

44° — Crassulacées.

Herbes à feuilles charnues ou grasses.

1 { Etamines 3-4 2
{ Etamines 5-12........................... 3

2 { Calice à 3 divisions, fleurs blanchâtres, *Tillée* ; Midi.
{ Calice à 4 divisions, fleurs rougeâtres, *Bulliardie* ;
{ bords des marais.

3 { Corolle en cloche à 5 lobes, *Cotylédon* ; vieux murs.
{ Corolle à 4-12 pétales..................... 4

4 { Pétales et ovaires 5, jeunes pousses à feuilles im-
{ briquées, *Orpin* (*Sedum*) ; nomb. esp. rochers,
{ murs,
{ Pétales et ovaires 6-12, jeunes pousses en rosette,
{ *Joubarbe* (*Sempervirens*) ; pl. esp., rochers, murs,
{ toits.

45ᵉ — Cactées.

Végétaux charnus à tige diversement conformée, dépourvus de feuilles, garnie de paquets d'épines, donnant naissance à des fleurs éclatantes, très-caduques.

Un seul genre et une seule espèce, *opuntia commun,* ou *op. raquette,* croît spontanément dans le Midi ; les autres sont exotiques. C'est sur l'un d'eux qu'on élève la cochenille, insecte qui fournit une belle couleur rouge.

46ᵉ — Ficoïdes.

Herbes charnues, fleurs épanouies au soleil, à pétales nombreux linéaires de diverses couleurs.

Deux espèces de *ficoïde (Mesembryanthemum)* vivent en Corse ; les autres sont originaires de pays plus chauds.

47ᵉ — Grossulariées.

Arbrisseaux à fruits en baie, la plupart comestibles.

Groseillier (Ribes), une espèce épineuse à diverses variétés, cinq non épineuses indigènes ; d'autres exotiques, cultivées pour l'ornement à cause de leurs fleurs en grappes.

48ᵉ — Saxifragées.

Herbes souvent charnues, croissant sur les débris de rochers ou de pierres ; deux genres indigènes :

> Calice à 5 lobes, 5 pétales étalés. 10 étamines, 2 styles, *Saxifrage* ; nomb. esp. montagnes principalement.
> Calice à 4 ou 5 lobes, pas de corolle, 8-10 étamines, *Dorine (Chrysosplenium)* ; lieux humides des montagnes.

L'hortensia, cultivé dans les jardins et originaire de la Chine, appartient à cette famille.

49ᵉ — Ombellifères.

Famille très-nombreuse de plantes herbacées, caractérisée par la disposition des fleurs en *ombelle*, avec *involucre* général et *involucelles* aux *ombellules*, parmi lesquelles figurent des plantes potagères : comme la *carotte*, l'*ache*, le *persil*; des plantes aromatiques : la *myrrhe*, le *fenouil*, la *coriandre*, l'*angélique*, l'*anis*.

Le fruit, à la partie supérieure duquel reste adhérent le calice à 5 dents, doit être observé attentivement. Il se sépare en deux coques ou *utricules* juxtaposés. Sa surface est marquée de 10 *côtes primaires*, plus ou moins saillantes, dont 5 correspondent aux dents du calice, les autres à leurs intervalles ou *commissures*. Au dos de chaque coque correspond la *côte carinale* ou dorsale; chacune des deux voisines se nomme *côte intermédiaire*; les deux extrêmes s'appellent *côtes latérales*. Les intervalles des côtes primaires ou *stries* sont dits *vallécules* et sont quelquefois marqués de *côtes secondaires*. On nomme *bandelettes* des canaux colorés d'où sort une espèce d'huile ou de résine.

1ᵉʳ GROUPE. — Ombellifères imparfaites, fleurs en têtes ou en faisceaux.

1 { Fruit aplani, fleurs blanches ou rosées, herbes rampantes, *Hydrocotyle* (*Ecuelle d'eau*); marais. Fruit gonflé.......................... 2

2 { Fleurs en tête, sessiles sur un réceptacle garni de paillettes, *Panicaut* (*Eryngium*); pl. esp. Fleurs en faisceaux, non réunies sur un réceptacle garni de paillettes........................ 3

3 { Fruit dépourvu de côtes, hérissé d'aiguillons, *Sanicle* ; prés couverts.
Fruit à 10 côtes renflées, ridées, non hérissé, *Astrance* ; 2 esp., prairies de montagnes.

2° GROUPE. — Ombellifères parfaites à 5 côtes principales, les secondaires nulles.

4 { Graine enroulée, munie d'un sillon à la face intérieure.   5
Graine plane à la face intérieure.   15

5 { Fruit ovale presque globuleux.   6
Fruit linéaire allongé.   11

6 { Intervalles des côtes du fruit à 1-2 bandelettes, souvent nulles   7
Intervalles à plus de 2 bandelettes.   10

7 { Bords du calice à 5 dents.   8
Bords du calice peu apparents, *Ciguë (Conium)* ; plante vénéneuse, décombres, fossés.

8 { Pétales entiers, feuilles non épineuses   9
Pétales échancrés ou bifides, feuilles épineuses, *Echinophore* ; rivages de la Méditerranée.

9 { Tige feuillée, utricule à 5 côtes creuses, *Pleurosperme* ; vallées des Alpes.
Feuilles radicales, utricules à 5 côtes très-fines, *Physosperme* ; mont Viso.

10 { Fruit contracté, utricule à côtes aiguës, fleurs jaunes, *Macéron (Smyrnium)* ; Midi.
Fruit renflé, utricule à côtes épaisses, fleurs jaunes, *Armarinte (Cachrys)* ; Midi.

11 { Fruit surmonté d'un bec.   12
Fruit dépourvu de bec.   13

12 { Utricule sans côtes, sauf sur le bec, *Anthrisque* ; haies.
Utricule à 5 côtes, *Scandix (Peigne de Vénus)* ; champs.

13 {
Bord du calice foliacé à 5 dents, *Molosperme* ; Alpes.
Bord du calice peu apparent................. 14

14 {
Utricule formé de deux membranes, intervalles sans bandelettes, *Myrrhe* ; Alpes.
Utricule simple, intervalles à une bandelette, *Cerfeuil* (*Chœrophyllum*) ; haies, pl. esp.

15 {
Fruit comprimé par le dos................... 16
Fruit de forme ovale ou cylindrique, ou comprimé seulement par les côtés................. 31

16 {
Fruit orbiculaire à rebords noueux en anneaux, fleurs blanches ou rosées, *Tordyle* ; champs du Midi.
Fruit entouré d'un bord ailé, aplani ou un peu convexe.............................. 17

17 {
Fruit à 1 aile de chaque côté............... 18
Fruit à 2 ailes de chaque côté.............. 28

18 {
Bord du calice à 5 dents.................... 19
Bord du calice peu apparent................. 26

19 {
Fleurs jaunes, pétales ovales entiers, *Férule* ; Midi.
Fleurs blanches ou jaunâtres, pétales échancrés... 20

20 {
Vallécules à 1 courte bandelette en massue, *Berce* (*Héracleum*) ; plus. esp.
Vallécules à 1-4 bandelettes allongées filiformes.. 21

21 {
Fleurs jaunâtres, 4 bandelettes dorsales, *Peucédane* ; pl. esp.
Fleurs blanches, 1-3 bandelettes dorsales....... 22

22 {
Fruit à côtes dorsales obtuses, contiguës, intervalles presque nuls à 1 bandelette, *Thyssélin* ; prairies humides.
Fruit à côtes dorsales en carène, non contiguës, intervalles distincts à 1-3 bandelettes........ 23

23 { Rameaux verticillés au sommet, involucre presque nul, *Ostéric*.
Rameaux non verticillés, ombelle à involucre.... 24

24 { Fruit convexe, bord ailé peu distinct, *Cervaire*; coteaux secs.
Fruit aplani par le dos, bord ailé distinct...... 2

25 { Bandelettes 1-3 par intervalles, *Ptérosélin*; qq. esp.
1 bandelette par intervalle, *Oréosélin*; coteaux secs.

26 { Fleurs blanches, *Impératoire*; pâturages.
Fleurs jaunes.......................... 27

27 { Pétales ovales à pointe large tronquée, intervalles à 1 bandelette, *Panais* (*Pastinaca*); bords des champs.
Pétales ovales à pointe large tronquée, intervalles remplis par les bandelettes, *Aneth*; Midi.
Pétales presque ronds à pointe enroulée, intervalles à 3 bandelettes, *Opoponax*; décombres, haies.

28 { Bord du calice à 5 dents, fleurs blanc-verdâtre, *Archangélique*; montagnes.
Bord du calice peu apparent.............. 29

29 { Pétales lancéolés entiers................ 30
Pétales échancrés en cœur renversé, fleurs très-blanches, *Selin*; prés bas, humides.

30 { Utricule à 5 côtes, 3 dorsales filiformes, deux latérales, largement ailées, fleurs blanches ou rosées, *Angélique*; div. esp.
Utricule à 5 côtes saillantes, fleurs jaune-verdâtre, *Livèche* (*Levisticum*); prairies des montagnes.

31 { Feuilles simples entières, *Buplèvre*; div. esp., lieux secs.
Feuilles ailées ou découpées.............. 32

32 { Fruit sec adhérant de tous côtés à la graine...... 33
Fruit spongieux, graine adhérente par le côté intérieur seulement, *Crithme*; rochers maritimes.

45 {
Fleurs d'un jaune pâle, *Silaus*; prés.
Fleurs blanches, calice à 5 dents très-distinctes, *Wallrothie*.
Fleurs blanches, bord du calice peu apparent, *Ligustique*.

46 {
Fleurs jaunes, *Kundmannie*; Corse, Nice.
Fleurs blanches ou rougeâtres 47

47 {
Utricule à 5 côtes filiformes égales, 1 seule ombelle terminale, *Endressie*.
Utricule à 5 côtes filiformes égales, plusieurs ombelles opposées aux feuilles, *Hélosciade*; lieux humides.
Utricules à 5 côtes épaisses, plusieurs ombelles non opposées aux feuilles, *Séséli*; pl. esp.

48 {
Fleurs jaunes ou jaunâtres 49
Fleurs blanches. 50

49 {
Fleurs jaunes, 1 bandelette par intervalle, *Fenouil*; lieux pierreux.
Fleurs jaunâtres, 3 bandelettes par intervalle, *Silaus*.

50 {
Utricule à 5 côtes saillantes en carène aiguë 51
Utricule à côtes filiformes 52

51 {
Rameaux et ombelles verticillés, *Trochisque*; Dauphiné.
Rameaux et ombelles non verticillés, *Meum*; pâturages des Alpes.

52 {
Axe central du fruit divisé en deux parties 53
Axe central non divisé. 54

53 {
Pétales lancéolés, *Trinie*; qq. esp.
Pétales presque ronds, *Persil* (*Petroselinum*); cultivé.
Pétales en cœur renversé, *Terre-Noix* (*Bunium*); champs.

54 { Pétales ovales obtus , involucelles nuls , *Ache* (*Apium*); cultivé.
Pétales ovales aigus, involucelles à quelques folioles, *Hélosciade*; fossés. marais.

55 { Intervalles des côtes à 1 bandelette ou point.... 56
Intervalles à plusieurs bandelettes............. 67

56 { Bord du calice à 5 dents.................... 57
Bord du calice peu apparent................. 61

57 { Utricule à 5 côtes filiformes, égales.......... 58
Utricule à 5 côtes épaisses, les latérales plus larges............................. 59
Utricule à 5 côtes, les dorsales larges à peine convexes, les latérales à angles obtus, *Cicutaire* ; étangs, fossés.

58 { Fruit ovale comprimé, *Ptychotis*; Midi, lieux pierreux.
Fruit oblong comprimé, *Faucille* (*Falcaria*); haies, moissons.

59 { Involucre à plusieurs folioles, *Libanotide*; montagnes calcaires.
Involucre nul........................... 60

60 { Bord du calice à 5 dents épaisses, *Séséli*.
Dents du calice fines *Œnanthe*; plus. esp.

61 { Involucre à folioles nombreuses.............. 62
Involucre nul ou presque nul................ 63

62 { Pétales réguliers, *Carum*; prés humides et marais.
Pétales irréguliers, presque rayonnants, *Ammi*; coteaux pierreux.

63 { Intervalles des côtes du fruit sans bandelettes, *Egopode*; haies.
Intervalles à 1 bandelette................. 64

64 { Utricule à 5 côtes saillantes, épaisses, à carène aiguë, *Ethuse*; décombres.
Utricule à 5 côtes filiformes égales.......... 65

75 { Feuilles simplement ailées, *Turgénie*; champs.
   { Feuilles 2-3 fois ailées ou pinnatifides.......... 76

76 { Aiguillons des côtes secondaires fendus, *Cauca-lide*; champs.
   { Aiguillons des côtes secondaires en hameçon, *Or-laye*; champs.

77 { Fruit lenticulaire ou comprimé par le dos....... 78
   { Fruit globuleux, ou à 2 lobes globuleux........ 79

78 { Fruit non ailé, côtes secondaires peu saillantes, *Siler*, montagnes.
   { Fruit à 4 ailes, *Thapsie*; Midi.
   { Fruit à 8 ailes, *Laser*; plus. esp., Midi principa-lement.

79 { Calice à 5 dents, fruit globuleux à peine séparable en utricules, *Coriandre*; champs, vignes, cultivé.
   { Bord du calice peu apparent, fruit à 2 utricules presque globuleux, *Bifore*; moissons, Midi.

50e — Araliacées.

Un seul genre indigène, *adoxe*, plante herbacée, très-délicate, fleurs en tête, corolle nulle, 8-10 éta-mines, 4-5 styles, feuilles 2 fois ailées ternées; haies fraîches.

Plusieurs genres exotiques : le *ginseng* de la Chine, dont la racine est réputée comme un fortifiant; — plusieurs *aralia* dont les racines sont sudorifiques.

51e — Hédéracées.

Un seul genre, *lierre* (*hedera*), plante ligneuse grimpante, 5 pétales, 5 étamines, 1 style, fleurs en tête jaune-verdâtre, fruits en baie noire.

8.

52ᵉ — Caprifoliacées.

Arbrisseaux à fleurs ordinairement en corymbe.

1 { Calice entouré de bractées, corolle monopétale.... 2
Calice dépourvu de bractées, corolle à la fin polypétale, *Cornouiller (Cornus)*; haies.

2 { Style nul, baie à 2–4 loges................. 3
1 style, baie à 1 loge...................... 4

3 { Calice à peine denté, 5 étamines, *Chèvrefeuille (Lo-
nicera)*; plus. esp. dont quelques-unes dans les
jardins.
Calice à 5 lobes, 4 étamines, *Linnée*; montagnes.

4 { Feuilles entières ou lobées, *Viorne (Viburnum)*; qq.
esp. sauvages ou cultivées.
Feuilles ailées, *Sureau (Sambucus)*; 3 espèces.

53ᵉ — Loranthées.

Un seul genre, le *gui (viscum)*, plante parasite dont
une espèce pousse sur les arbres, l'autre sur le genévrier oxycèdre.

54ᵉ — Rubiacées.

Plantes herbacées en France à feuilles entières
verticillées.

1 { Corolle en cloche ou en roue................ 2
Corolle en entonnoir..................... 4

2 { Fruit entouré par le calice, à la fin dilaté à 3 cornes,
Vaillantie; rochers et murs du Midi.
Fruit non couronné par le calice.............. 3

3 { Corolle en cloche évasée à 4–5 lobes, fruit charnu
à 2 baies, *Garance (Rubia)*; cultivée pour la
teinture.
Corolle en roue ou en cloche à 4 lobes profonds,
fruit non charnu, *Gaillet (Galium)*; nombr. esp.,
prés, champs.

4 { Calice à 2 lanières profondes et opposées, *Crucianelle* ; lieux pierreux du Midi.

Calice à 4-5 dents........................ 5

5 { Fruit couronné par les dents du calice, *Shérarde* ; champs.

Fruit non couronné par les dents du calice, *Aspérule* ; div. esp.

Cette famille fournit, en outre du principe colorant de la garance, divers produits exotiques : l'amande du *caféier* ou café, l'écorce du *quinquina*, aux propriétés fébrifuges, l'*ipécacuanha*, provenant de diverses racines à propriétés vomitives.

55ᵉ — Valérianées.

Herbes à feuilles opposées, à fleurs en corymbe, en panicule ou en tète.

1 { 1 étamine, corolle à éperon, *Centranthe* ; murs, rochers.

2-3 étamines, corolle sans éperon............ 2

2 { Tige simple ou rameuse, mais non dichotome, fruit couronné par une aigrette plumeuse, *Valériane* ; plus. esp. dont une, l'*officinale*, jouit de propriétés médicales.

Tige dichotome, fruit sans aigrette plumeuse, *Mache* (*Valerianella*) ; plus. esp. champs.

56ᵉ — Dipsacées.

Plantes herbacées, fleurs agrégées sur un réceptacle commun entouré d'un involucre à plusieurs folioles.

1 { Réceptacle garni de paillettes épineuses, *Cardère* (*Dipsacus, Chardon à foulon*) ; haies, fossés, une espèce cultivée.

Réceptacle garni de soies ou paillettes non épineuses, *Scabieuse* ; div. esp., quelques-unes cultivées dans les jardins.

57ᵉ — Composées.

Plantes herbacées à fleurs groupées en tête sur un réceptacle commun, ou nu, ou creusé de fossettes, ou garni de poils ou de paillettes, et entouré d'une enveloppe herbacée à un ou plusieurs rangs formant involucre. Fleurettes à cinq étamines soudées par les anthères autour du style; corolle en entonnoir à cinq dents dans les *fleurons*, en languette allongée dans les *demi-fleurons*; graine souvent surmontée d'une aigrette de poils.

Des plantes, comme le *bluet*, n'ont que des fleurons, on les nomme *flosculeuses*; d'autres, comme la *chicorée*, n'ont que des demi-fleurons, on les appelle *sémi-flosculeuses*; — d'autres, comme la *marguerite*, ont des fleurons au centre et des demi-fleurons à la circonférence et sont appelées *radiées* ou *corymbifères*.

1ʳᵉ SECTION. — Sémi-flosculeuses, ou chicoracées.

Corolles toutes en languettes.

1 { Graines tout à fait nues...................... 2
{ Graines couronnées d'aigrettes.............. 4

2 { Feuilles et involucre épineux, fleurs jaunes, *Scolyme*; Midi.
{ Feuilles et involucre non épineux............. 3

3 { Graines mûres persistantes enveloppées par les folioles de l'involucre, fleurs jaunes, *Rhagadiole*; Midi.
{ Graines mûres caduques, non enveloppées par l'involucre, fleurs jaunes, *Lampsane*; champs.

4 { Aigrette composée d'écailles................
{ Aigrette à poils simples ou un peu dentés.......
{ Aigrette à poils plumeux....................

15 { Graines coniques à 10 côtes et 10 stries, aigrette des graines à poils roux, roides, fragiles, *Epervière (Hieracium)*; nombr. esp.
Graines longues, cylindriques, à 20-30 stries, très-fines, aigrette des graines blanche, *Soyérie*; qq. esp.

16 { Involucre garni de petites écailles à la base..... 17
Involucre imbriqué, non écailleux à la base..... 20

17 { Involucre à la fin coriace, noueux-anguleux, aigrette très-courte, *Zacynte*; lieux stériles, Midi.
Involucre ni coriace ni anguleux, aigrette égalant ou surpassant la graine................. 18

18 { Demi-fleurons 5, sur un rang, *Prénanthe*; qq. esp.
Demi-fleurons nombreux, imbriqués.......... 19

19 { Réceptacle très-lisse, écailles extérieures appliquées, graines un peu courbées, rétrécies aux deux bouts, *Omalocline*; hautes montagnes.
Réceptacle plus ou moins alvéolé, écailles extérieures lâches, graines droites en fuseau, tronquées, *Crépide*; pl. esp.

20 { Graines coniques à 10 côtes, aigrette fragile, roussâtre, *Epervière*.
Graines comprimées ou prismatiques, aigrette molle, très-blanche.................... 21

21 { Écailles de l'involucre membraneuses au bord, graines tétragones, tuberculeuses en travers, *Picridie*; 2 esp.
Écailles de l'involucre non membraneuses, graines comprimées prismatiques, striées en long, *Laitron (Sonchus)*; pl. esp.

22 { Réceptacle garni de paillettes............. 23
Réceptacle nu.......................... 24

23 { Aigrette nulle dans les graines du bord, poilue dans celles du disque, *Ptérothèque*; Midi.
Aigrette à 6 arêtes dans les graines du bord, plumeuse dans celles du disque, *Géropogon*; Nice.

24 { Involucre à 1 rang de 7-8 folioles, entouré de courtes écailles à la base................ 25
Folioles de l'involucre nombreuses, sur plusieurs rangs............................... 28

25 { Hampes nues, uniflores, *Pissenlit* (*Taraxacum*); champs, prés.
Tige feuillée à plusieurs fleurs............... 26

26 { Cinq demi-fleurons sur un rang, aigrette à peine pédicellée, *Prénanthe*; pl. esp.
Demi-fleurons presque imbriqués, aigrette à long pédicelle............................. 27

27 { Graines à 5 dents au sommet, plante glabre au sommet, *Chondrille*; qq. esp.
Graines à plusieurs écailles caduques avec le pédicelle de l'aigrette, plante hérissée au sommet, *Willemétie*; Pyrénées.

28 { Involucre imbriqué à folioles membraneuses au bord, *Laitue* (*Lactuca*); pl. esp. spontanées ou cultivées.
Involucre à 2 rangs de folioles, les extérieures plus courtes........................ 29

29 { Involucre sillonné, ventru, entourant les graines à la maturité, tige feuillée à plusieurs fleurs, *Crépide*; plus. esp.
Involucre non ventru et ordinairement réfléchi en dehors à la maturité, hampe nue à une fleur, *Pissenlit*.

30 { Réceptacle garni de paillettes............. 31
Réceptacle nu, ou alvéolé................. 34

31 { Aigrettes du disque plumeuses, celles du bord à 6 arêtes, *Géropogon*.

Aigrettes toutes plumeuses..................... 32

32 { Involucre imbriqué, *Porcelle (Hypochœris)*; qq. esp.

Involucre simple.......................... 33

33 { Aigrette pédicellée, *Sériole*; Midi.

Aigrette sessile, *Robertie*; Corse.

34 { Involucre garni de 5 écailles extérieures, lâches, foliacées, *Helminthie*; bords des champs.

Écailles extérieures de l'involucre non foliacées.. 35

35 { Involucre très-simple à 8-12 folioles soudées à la base.............................. 36

Involucre simple garni à la base d'écailles très-courtes.............................. 37

Involucre imbriqué....................... 38

36 { Graines striées en long, pédicelle de l'aigrette très-grêle, *Salsifis (Tragopogon)*; qq. esp.

Graines à côtes longitudinales tuberculeuses, aigrette à pédicelle creux ventru à la base, *Urosperme*; Midi.

37 { Aigrettes toutes plumeuses, tige feuillée, *Picride*; qq. esp.

Aigrettes du bord en coupe scarieuse, incisée, dentée, hampes nues, *Thrincie*; qq. esp.

38 { Graines portées sur un pédicelle creux, *Podosperme*; qq. esp.

Graines sessiles........................... 39

39 { Aigrette presque pédicellée, *Scorzonère*; pl. esp.

Aigrette sessile............................. 40

10 { Aigrettes des graines extérieures courtes ou manquant, *Thrincie*; qq. esp.

Aigrettes égales, graines lisses ou striées en long, *Liondent (Leontodon)*; pl. esp., montagnes.

Aigrettes égales, graines tuberculeuses ou striées en travers, *Picride*; qq. esp.

2ᵉ SECTION. — Flosculeuses, ou Cynarocéphales.

Toutes les corolles en tube à 5 dents.

1 { Réceptacle membraneux, feuilles non épineuses.. 2
  { Réceptacle charnu, feuilles ordinairement épineuses.............................. 19

2 { Graines couronnées d'une aigrette de poils, réceptacle nu......................... 3
  { Graines striées ou couronnées de membranes ou d'arêtes, réceptacle garni de paillettes....... 11
  { Graines nues ou couronnées de membranes ou d'arêtes, réceptacle nu.................... 15

3 { Fleurs jaunes.............................. 4
  { Fleurs rougeâtres, brunâtres ou blanchâtres..... 7

4 { Involucre foliacé............................ 5
  { Involucre scarieux, coloré................... 10

5 { Fleurons tous égaux et à 5 dents............. 6
  { Fleurons extérieurs grêles à 3 dents, *Conyze*; qq. esp.

6 { Feuilles linéaires entières, *Chrysocome*; qq. esp.
  { Feuilles sinuées pinnatifides, non linéaires, *Séneçon commun*; champs, jardins.

7 { Feuilles opposées, le plus souvent digitées, *Eupatoire*; fossés.
  { Feuilles alternes, toujours simples........... 8

8 { Involucre à un rang de folioles ou à deux rangs dont l'extérieur très-petit.............. 9
  { Involucre à plusieurs rangs de folioles imbriquées. 10

9 { Involucre à un seul rang de folioles, *Tussilage*; pl. esp.
  { Involucre à deux rangs de folioles, l'extérieur très-petit, *Cacalie*; montagnes.

9

10 {
Écailles de l'involucre cotonneuses aiguës, *Coton-nière* (*Filago*); qq. esp.
Écailles de l'involucre colorées obtuses; *Gnaphale*; pl. esp.
}

11 {
Aigrette des graines à 5-10 paillettes dans le disque, presque nulle à la circonférence, involucre scarieux, *Immortelle* (*Xeranthemum*) ; lieux secs.
Toutes les graines nues ou couronnées d'arêtes ou de membranes, involucre non scarieux...... 12
}

12 {
Aigrette des graines à 2-4 arêtes, involucre entouré de bractées longues, *Bident* ; marais, fossés.
Aigrette des graines membraneuse, involucre dépourvu de bractées, *Athanasie* ; Midi.
Graines nues, involucre dépourvu de bractées... 13
}

13 {
Involucre à 5-9 folioles lâches enveloppant les graines, *Micrope*; Midi.
Involucre imbriqué...................... 14
}

14 {
Fleurons dilatés, ventrus à la base, à deux oreillettes prolongées sur l'ovaire, *Othante* ; rivages des mers.
Fleurons sans oreillettes à la base, *Santoline* ; Midi.
}

15 {
Fleurs à étamines sur un réceptacle nu, à involucre d'une seule pièce ; fleurs à pistils dépourvues de corolle et de calice, en épi, *Ambrosie* ; sables maritimes, Midi.
Fleurs toutes à étamines et pistils pourvues de calice et corolle....................... 16
}

16 {
Folioles de l'involucre petites, plus ou moins serrées. 17
Folioles extérieures de l'involucre grandes, réfléchies, *Carpésie* ; Dauphiné.
}

17 {
Fleurons tous à étamines et pistils, à 5 dents, *Balsamite*; Midi.
Fleurons du bord à pistils seulement, entiers ou à 3 lobes................................ 18
}

18 {
Folioles de l'involucre obtuses, fleurons du disque
à 4 dents, graines nues, *Cotule*; champs, Midi.
Écailles de l'involucre rapprochées au sommet, fleurons du disque à 5 dents, ceux du bord entiers,
graines nues, *Armoise* (*Artemisia*); div. esp.
Écailles de l'involucre aiguës, fleurons du disque
à 5 lobes, ceux du bord à 3 lobes, graines
couronnées par une membrane entière, *Tanaisie*
(*Tanacetum*); décombres, fossés.

20 {
Involucre commun petit, réfléchi, caché sous les
fleurons extérieurs, *Echinope*; Midi.
Involucre foliacé, imbriqué, épineux, *Carthame*;
2 esp.

22 {
Fleurons extérieurs plus grands, aigrette simple,
Centaurée; nombr. esp.
Fleurons presque égaux, graines à triple aigrette,
Cnicus (*Chardon béni*); Midi.

24 {
Graines lisses à double enveloppe, *Bérarde*; Alpes.
Graines cannelées en travers, enveloppe simple,
Onoporde; pl. esp., Midi.

35 { Fleurons du disque fertiles, ceux des bords stériles, plus grands, *Galactite* ; lieux stériles, Midi.
Fleurons tous fertiles et égaux. 3 3

36 { Aigrette des graines double, l'extérieure à poils
courts, dentés, l'intérieure plus longue, plumeuse,
Saussurée ; Alpes.
Aigrette des graines simple.   37

37 { Écailles de l'involucre charnues à la base, réceptacle très-charnu, *Artichaut (Cynara)* ; spontané
ou cultivé.
Écailles non charnues, réceptacle peu charnu. . . .   3 8

38 { Feuilles de l'involucre scarieuses, luisantes, *Leu-
zée* ; lieux secs, Midi.
Feuilles de l'involucre ni scarieuses ni luisantes.
Cirse ; nomb. esp.

3e SECTION. — Radiées, ou Corymbifères

Fleurons au centre, demi-fleurons autour.

1 { Graines couronnées d'une aigrette de poils, récep-
tacle nu.   2
Graines nues ou couronnées de membranes ou d'a-
rêtes, réceptacle garni de paillettes.   13
Graines nues ou couronnées de membranes ou d'a-
rêtes, réceptacle nu ou rarement un peu poilu. .   1 8

2 { Demi-fleurons de la même couleur que le disque. .   3
Demi-fleurons d'une autre couleur que le disque. .   9

3 { Involucre à plusieurs rangs de folioles imbriquées. .   4
Involucre à 1-2 rangs de folioles.   5

4 { 5-8 demi-fleurons à chaque fleur, anthères sans
pointes à la base, *Verge d'or (Solidago)* ; qq. esp.
10 demi-fleurons au moins à chaque fleur, anthères
à 2 pointes à la base, *Aunée (Inula)* ; pl. esp.

5 { Feuilles radicales, naissant après la fleur, *Tussilage* (*Pas-d'âne*);
Tige garnie à la fois de feuilles et de fleurs...... 6

6 { Involucre à 1 rang de folioles ou à 2 rangs, dont l'extérieur très-petit..................... 7
Involucre à deux rangs égaux de folioles........ 8

7 { Involucre à un seul rang de folioles vertes et foliacées au sommet, *Cinéraire*, pl. esp.
Involucre à 1 rang de folioles noires ou scarieuses au sommet, entouré d'un petit rang extérieur, *Séneçon*; nomb. esp.

8 { Toutes les graines garnies d'aigrettes, *Arnique*; montagnes.
Graines extérieures sans aigrettes, *Doronic*; qq. esp.

9 { Involucre à 1-2 rangs d'écailles, réceptacle conique. 10
Involucre à plusieurs rangs d'écailles imbriquées, réceptacle plane...................... 11

10 { Involucre à 1 rang d'écailles égales linéaires en spatule, *Paquerolle* (*Bellium*); Midi.
Involucre à 2 rangs d'écailles linéaires aiguës, presque égales, *Marguerite*; bois montueux.

11 { Aigrette des graines à poils simples.......... 12
Aigrette des graines double, l'extérieure scarieuse à dents courtes, l'intérieure capillaire, *double-aigrette* (*Dyplopappus*); bords des rivières.

12 { Demi-fleurons très-étroits, peu nombreux, *Vergerette* (*Erigeron*); pl. esp.
Demi-fleurons assez larges, oblongs, nombreux, *Aster*; pl. esp.

13 { Fleurons à étamines sur un réceptacle, ceux à pistils sur un autre, fruits hérissés en dehors de pointes crochues, *Lampourde* (*Xanthium*).
Fleurons tous à étamines et pistils, fruits non hérissés de pointes...................... 14

14 { Graines couronnées d'arêtes................ 15
   { Graines nues ou couronnées de membranes..... 17

15 { Demi-fleurons 5-10, très-courts, involucre ovale,
       réceptacle plane, *Achillée*; pl. esp.
     { Demi-fleurons nombreux, allongés, involucre hé-
       misphérique, réceptacle convexe........... 16

16 { Graines quadrangulaires, non membraneuses au
       bord, *Camomille* (*Anthemis*); div. esp.
     { Graines comprimées, ailes membraneuses à 2 dents,
       Anacycle; Midi.

17 { Réceptacle plane, involucre étalé, foliacé, *Buph-
       thalme*; qq. esp.
     { Réceptacle conique, involucre hémisphérique, à
       écailles scarieuses au bord, *Camomille*.

18 { Demi-fleurons jaunes..................... 19
   { Demi-fleurons blancs ou un peu rougeâtres...... 21

19 { Graines couronnées à 5 arêtes, *Tagète* (*Œillet
       d'Inde*); jardins.
     { Graines nues ou couronnées d'une courte mem-
       brane................................ 20

20 { Involucre simple, graines irrégulières, membra-
       neuses, courbées, *Souci* (*Calendula*); 2 esp.,
       champs, jardins.
     { Involucre imbriqué, graines droites régulières,
       Chrysanthème; pl. esp.

21 { Involucre simple, hampe nue, *Pâquerette* (*Bellis*);
       prés.
     { Involucre plus ou moins imbriqué, tige feuillée.. 22

22 { Involucre à peine imbriqué d'écailles non scarieuses
       au bord, *Matricaire*; 2 esp.
     { Involucre très-imbriqué d'écailles scarieuses ou
       membraneuses au bord, *Chrysanthème*; pl. esp.

Cette famille renferme des plantes potagères : *laitue, chicorée, taraxacon, pissenlit, scorzonère, salsifis,*

artichaut; — des plantes aromatiques : *armoise, achillée, estragon;* — des plantes vermifuges, *absinthe, tanaisie, santoline;* — stomachiques, *centaurée, camomille;* — dépurative, *bardane;* — excitante et vulnéraire, *arnica;* — de nombreuses plantes d'ornement, *hélianthe, dahlia, asters, chrysanthèmes, cinéraires, soucis, séneçon, verges d'or, immortelles, gnaphales.*

58° – Campanulacées.

Plantes herbacées dont la plus commune, à fleurs en clochettes, a reçu le nom de *campanule,* appliqué par extension à la famille; plusieurs sont cultivées pour l'ornement.

1 { Corolle irrégulière, *Lobélie* ; qq. esp.
{ Corolle régulière............................ 2

2 { Anthères soudées à la base, *Jasione* ; lieux montueux.
{ Anthères tout à fait libres.................. 3

3 { Corolle en cloche........................... 4
{ Corolle en roue............................. 5

4 { Étamines à filets très-élargis à la base, capsule s'ouvrant par des trous latéraux, *Campanule* ; div. esp.
{ Étamines à filets peu élargies, capsule demi-adhérente s'ouvrant par trois valves, *Walhenbergie* ; lieux ombragés, Ouest.

5 { Fleurs solitaires ou presque solitaires, *Prismatocarpe* ; champs.
{ Fleurs en tête ou en épis munis de bractées, *Raiponce (Phyteuma)*; montagnes, pl. esp.

59° – Vacciniées.

Sous-arbrisseaux, dont un seul genre indigène croît dans les régions humides des montagnes.

Airelle (*vaccinium*), corolle en grelot, fruit en baie
Le fruit de l'*airelle myrtille*, très-abondant dans diverses régions, est comestible, et peut fournir une
boisson fermentée analogue au vin.

60ᵉ — Éricinées.

Arbrisseaux ou herbes des lieux montueux, dont le
genre le plus commun, *Erica* (*bruyère*) donne le nom
à la famille.

1 { Plantes herbacées, feuilles radicales, *Pyrole*; qq.
    esp., lieux montueux.
    Arbrisseaux et sous-arbrisseaux   2

2 { Feuilles menues imbriquées, corolle à 4 lobes,
    Bruyère (*Erica*); pl. esp.
    Feuilles non imbriquées   3

3 { Fleurs à étamines et pistils séparés, 3 étamines,
    corolle à 3 pétales, *Camarine* (*Impetrum*), mon-
    tagnes pierreuses.
    Fleurs à étamines et pistils réunis   4

4 { Calice à 4 divisions, corolle caduque à 4 dents,
    Menzièse, Ouest.
    Calice et corolle à 5 divisions   5

5 { 5 étamines, calice petit à 5 dents, corolle en cloche
    à 5 lobes, *Azalée*; Alpes, Pyrénées.
    10 étamines   6

6 { Fruit en baie globuleuse, *Arbousier* (*Arbutus*); qq.
    esp.
    Fruit en capsule   7

7 { Calice très-petit, corolle ovale en godet, à 5 dents
    réfléchies, *Andromède*; tourbières.
    Corolle presque en entonnoir à 5 lobes étalés, *Ro-*
    sage (*Rhododendron*); qq. esp., hautes montagnes.

Plusieurs plantes exotiques de la famille sont éle-
vées dans les serres et les jardins pour l'ornement.

61ᵉ — Monotropées.

Un seul genre et une seule espèce, le *Monotrope
sucepin*, herbe charnue, colorée, munie d'écailles,
croissant dans les bois, sur les racines des pins, des
sapins, des chênes.

3ᵉ SOUS-CLASSE. — COROLLIFLORES.

*Calice monosépale, corolle monopétale portant les étamines,
ovaire libre.*

62ᵉ — Aquifoliacées.

Un seul genre, le *houx* (*Ilex aquifolium*) ; arbrisseau à feuilles d'un vert luisant, persistantes, sinuées,
épineuses, fleurs blanches agglomérées, fruits rouges.

63ᵉ — Ébénacées.

Cette famille qui fournit le bois d'ébène, exotique,
comprend des arbres ou arbrisseaux dont deux genres sont acclimatés sur les bords de la Méditerranée.

1 { Calice libre, inférieur au fruit, à 4 divisions, corolle à 4 lobes, fleurs verdâtres, fruit en baie,
Plaqueminier (*Dyospyros*).
Calice supérieur ou adhérent au fruit, fleurs blanches, fruit coriace, *Aliboufier* (*Styrax*).

64ᵉ — Jasminées.

Arbres ou arbrisseaux dont les uns sont cultivés
pour l'ornement, d'autres pour leur fruit ou le bois.

1 { Fruit charnu............................ 2
{ Fruit capsulaire......................... 5

2 { Calice à cinq lobes, *Jasmin* ; 3 esp., Midi.
{ Calice à 4 dents ou à quatre divisions, ou nul.... 3

3 { Fruit charnu à 1 noyau, à 1 graine, *Olivier (Olea)*;
{ cultivé, Midi.
{ Baie à 1-4 graines........................ 4

4 { Baie à 1 graine, fleurs blanchâtres en grappes
{ axillaires, *Philaria* ; Midi.
{ Baie à 2-4 graines, fleurs purpurines en grappes
{ terminales, *Lilas (Syringa)* ; cultivé.

·5 { Corolle à tube allongé, *Lilas*.
{ Corolle nulle ou à tube court, arbre élevé *Frène*
{ *(Fraxinus)*.

65ᵉ — Apocynées.

Herbes ou arbrisseaux à suc lactescent, âcre et
vénéneux employé comme vomitif ou purgatif. Le
strychnos, exotique, dont le fruit, *noix vomique*, fournit la *strychnine*, l'un des poisons les plus violents.

1 { Graines couronnées par une houppe de poils...... 2
{ Graines nues, fleurs bleues ou violettes, *Pervenche*
{ *(Vinca)* ; basses montagnes.

2 { Corolle très-grande, tubuleuse, *Laurier-rose (Né-*
{ *rium)*; Midi.
{ Corolle petite, en roue..................... 3

3 { Divisions de la corolle réfléchies, *Asclépiade*.
{ Divisions de la corolle étalées, *Cynanque* ; Midi.

66ᵉ — Gentianées.

Herbes à saveur amère, jouissant de propriétés
toniques, stomachiques, vermifuges; on emploie surtout la *gentiane* jaune, et l'*érythrée*.

1	Capsule à 1 loge..........................	2
	Capsule à 2 loges........................	7

2 { Feuilles à 3 folioles, corolle hérissée en dessus, *Ményanthe* (*Trèfle d'eau*); marais.
Feuilles simples, entières, corolle glabre en dessus.   3

3	Lobes de la corolle ciliés.................	4
	Lobes de la corolle non ciliés.............	5

4 { Fleur jaune, *Villarsie*; eaux des fleuves et des lacs.
Fleur bleue, *Gentiane ciliée*; prés montueux.

5 { Deux glandes ciliées à la base des divisions de la corolle, *Svertie*; prés humides de montagne.
Pas de glandes ciliées dans la corolle..........   6

6 { Étamines 5, 3 stigmates sessiles, *Gentiane*; div. esp., montagnes.
Étamines 8, *Chlore*; qq. esp.

7 { 5 étamines, *Erythrée*; qq. esp., parmi lesquelles la *Petite Centaurée*; fébrifuge.
4 étamines, *Exaque*; fleurs jaunâtres, lieux humides.

67e — Polémoniacées.

Un seul genre, *polémoine*, herbe à fleurs bleues en corymbe, spontanée dans quelques régions, et cultivée pour l'ornement ainsi que les *phlox*, exotiques.

68e — Convolvulacées.

Herbes ou abrisseaux à tiges grimpantes volubiles, renfermant un suc résinoïde à propriétés purgatives, spécialement le *jalap*, du Mexique.

1 { Plante parasite très-petite, sans feuilles, croissant sur divers végétaux qu'elle étouffe, *Cuscute*.
Plante feuillée, non parasite................   2

2 { Corolle en cloche, capsule à 4 graines, *Liseron* (*Convolvulus*); plus. esp.; qq.-unes cultivées pour l'ornement.
Corolle tubuleuse, capsule à 1 graine, *Cresse*; Midi.

A cette famille appartient la *patate* qu'on cultive pour sa racine comestible.

69ᵉ — Borraginées.

Plantes herbacées à fleurs en épis unilatéraux contournés, dont le type est la *bourrache*.

1 { Fruit formé de 2 petites noix, *Mélinet* (*Cerinthe*); qq. esp.
Fruit formé de 4 petites noix............... 2

2 { Noix soudées, *Héliotrope*; qq. esp. dont une cultivée dans les jardins.
Noix distinctes........................... 3

3 { Gorge de la corolle nue.................... 4
Gorge de la corolle fermée d'écailles......... 8

4 { Calice renflé en vessie à la maturité, *Nonnée*; Midi.
Non.................................... 5

5 { Corolle irrégulière à 5 lobes inégaux, *Vipérine* (*Echium*); div. esp.
Corolle régulière........................ 6

6 { Corolle tubuleuse, anthères en flèche à lobes soudés à la base, *Orcanette* (*Onosma*); collines arides, Midi.
Corolle en entonnoir, anthères tout à fait libres, obstruant la gorge...................... 7

7 { Calice à 5 divisions, stigmate bifide, *Grémil* (*Lithospermum*); qq. esp., champs, haies.
Calice prismatique à 5 dents, stigmate échancré, *Pulmonaire*; bois montueux.

8 { Calice dilaté à la maturité, fleurs axillaires, *Rapette* (*Asperugo*); lieux cultivés, décombres.
Calice non dilaté à la maturité, fleurs terminales. 9

9 { Corolle à limbe cylindrique ventru, *Consoude* (*Symphitum*); fossés, lieux humides.
Corolle à limbe étalé ou demi-étalé.......... 10

10 { Tube de la corolle allongé, courbé, *Lycopside*; champs.
Tube de la corolle non courbé.............. 11

11 { Corolle en roue....................... 12
Corolle en soucoupe ou en entonnoir......... 13

12 { Noix lisses à bord denté ou cilié, attachées au style, *Omphalode*; diverses régions.
Noix ridées, trouées à la base, reposant sur un réceptacle creusé, *Bourrache* (*Borrago*); lieux cultivés.

13 { Noix ridées creusées, sculptées à la base, *Buglosse* (*Anchusa*); qq. esp.
Noix hérissées d'aiguillons, *Cynoglosse*; qq. esp.
Noix lisses, ou aiguillons sur les angles seulement, *Myosotis*; div. esp.

70ᵉ — Solanées.

Herbes ou arbrisseaux à calice et corolle à cinq lobes, cinq étamines; renfermant des plantes alimentaires : *pomme de terre, tomate, aubergine, piment;* — des plantes vénéneuses, narcotiques : *belladone, jusquiame, datura, tabac;* de nombreuses plantes d'ornement, exotiques.

1 { Fruit en baie........................ 2
Fruit capsulaire....................... 8

2 { Corolle en cloche, en entonnoir, ou en soucoupe. 3
Corolle en roue....................... 5

3 { Étamines écartées à 2 paires inégales et une im-
paire, baie noire, *Belladone* (*Atropa*); bois montueux.
Étamines égales, baie rouge ou jaune......... 4

4 { Tige ligneuse, baie à 2 loges, *Lyciet*; Midi, haies.
Tige herbacée, baie à une loge, *Mandragore*, cultivée.

5 { Baie renfermée dans le calice renflé en vessie, *Co-
queret* (*Physalis*); haies, vignes.
Baie non renfermée dans le calice........... 6

6 { Anthères s'ouvrant au sommet par 2 pores, *Morelle*
(*Solanum*); div. esp., parmi lesquelles la pomme
de terre, l'aubergine.
Anthères s'ouvrant en long................. 7

7 { Feuilles ailées, *Tomate* (*Lycopersicum*); cultivée.
Feuilles simples, *Piment* (*Capsicum*); cultivé.

8 { 4 étamines dont 2 plus grandes, *Celsie*; Midi.
5 étamines.............................. 9

9 { Calice grand, tubuleux, ventru, à 5 angles, capsule
épineuse, *Datura*; terrains vagues, décombres.
Calice bien plus court que la corolle, capsule non
épineuse.............................. 10

10 { Corolle en entonnoir............. 11
Corolle en roue....................... 12

11 { Calice en cloche à 5 lobes, corolle régulière, capsule à 2 ou plusieurs valves, *Tabac* (*Nicotiana*);
cultivé.
Calice en godet, à 5 dents, corolle à 5 lobes inégaux, capsule s'ouvrant par un opercule, *Jusquiame* (*Hyoscyamus*); décombres.

12 { Hampe nue, étamines rapprochées au sommet, *Ra-
mondie*; Pyrén.
Tige feuillée, étamines inclinées, *Molène* (*Verba-
scum*); nombr. esp., diverses régions.

71ᵉ — Personées, ou Rhinanthacées.

Famille assez nombreuse de plantes herbacées, tirant son nom de la corolle souvent à deux lèvres ouvertes ou rapprochées en forme de masque; quatre étamines, dont deux plus courtes. Plantes d'ornement: *véronique, linaire, muflier, rhinanthe, digitale*; — propriétés purgatives ou vomitives: *gratiole, scrophulaire*; — la *digitale pourpre* calme les palpitations du cœur.

1 ⎰ Graines naissant sur deux nervures longitudinales des valves, plantes parasites, charnues, non feuillées.............................. 2
  ⎱ Graines naissant sur une cloison, plantes feuillées, non parasites, non charnues............... 3

2 ⎰ Calice tuberculeux à 4 lobes, corolle à 2 lèvres, *Clandestine (Lathræa)*; bois et lieux ombragés.
  ⎱ Calice latéral de 2 pièces, ou tubuleux à 5 lobes, corolle à 4-5 lobes en 2 lèvres, *Orobanche*; div. esp.

3 ⎰ Graines naissant sur les bords des valves rentrés en dedans............................. 4
  ⎰ Graines naissant au milieu d'une cloison adhérente aux valves............................ 10
  ⎱ Graines naissant sur un placenta libre central.... 10

4 ⎰ Corolle presque en roue à 5 lobes réguliers, *Sibthorpie*; Ouest.
  ⎱ Corolle à 2 lèvres............................ 5

5 ⎰ Feuilles simples............................ 6
  ⎱ Feuilles 1-2 fois ailées pinnatifides, *Pédiculaire*; div. esp.

6 ⎰ Calice à 5 dents, *Tozzie*; Alp., Pyrén.
  ⎱ Calice à 4 lobes ou à 4 dents. 7

7 ⎰ Calice ventru, *Rhinanthe*; prés.
  ⎱ Calice non ventru............................ 8

8 { Capsule obtuse, *Euphraise*; div. esp., prés, champs.
Capsule acuminée. 9

9 { Lèvre supérieure de la corolle pliée en dehors par
les bords, capsule à 1-2 graines, *Mélampyre*; qq.
esp., champs, coteaux.
Lèvre supérieure dressée, capsule à graines nombreuses, *Bartsie*; qq. esp.

10 { Anthère à 1 loge. 11
Anthères à 2 loges 12

11 { Corolle en cloche à 4-5 lobes obliques, *Digitale*;
qq. esp.
Corolle presque globuleuse à 2 lèvres à limbe res-
serré à 4-5 lobes, *Scrophulaire*; pl. esp.
Corolle tubuleuse quadrangulaire à 2 lèvres peu
distinctes, 2 étamines stériles, *Gratiole*; lieux
humides.

12 { 2 étamines, corolle en roue, *Véronique*; nomb. esp.
4 étamines, corolle en soucoupe, *Erine*; montagnes.
4 étamines, corolle à 2 lèvres. 13

13 { Corolle éperonnée. 14
Corolle non éperonnée. 15

14 { Corolle personée, à tube renflé, *Linaire*; nombr.
espèces.
Corolle tubuleuse à gorge ouverte, *Anarrhine*;
coteaux.

15 { Corolle bossue à la base, à palais de la gorge saillant, bifide, *Muflier* (*Antirrhinum*); murs, rochers.
Corolle tubuleuse sans palais, *Anarrhine*.

16 { Anthères à 1 loge, corolle à 5 lobes presque égaux,
Limoselle; lieux humides.
Anthères à 2 loges, corolle à 2 lèvres lobées, *Lin-
dernie*; Marais.

72° — Lentibulariées.

Herbes aquatiques ou des marais, à feuilles radicales.

1 {
Calice à 5 lobes inégaux, *Grassette (Pinguicula)*; qq. esp.
Calice à 2 sépales égaux, *Utriculaire*; eaux stagnantes.
}

73° — Acanthacées.

Un seul genre à grandes fleurs en épi, *acanthe*; Midi.

74° — Labiées.

Famille nombreuse de plantes herbacées et quelques arbrisseaux, caractérisée par la corolle et souvent par le calice à deux lèvres, fruit formé de quatre graines nues au fond du calice, tige quadrangulaire. Végétaux aromatiques dont certains sont utilisés comme condiments : *sarriette*, *thym*; plusieurs en médecine : *sauge, mélisse, brunelle, menthe, glechome, bétoine, lavande*; quelques-unes pour ornement : *sauge, dracocéphale, phlomide*.

1 {
2 étamines fertiles.......................... 2
4 étamines fertiles.......................... 5
}

2 {
Calice fermé de poils à la gorge, *Mélisse-faux-Thym*; Pyrénées.
Calice nu à la gorge....................... 3
}

3 {
Corolle tubuleuse à 4-5 lobes presque égaux, *Lycope*; bord des eaux.
Corolle à 2 lèvres très-prononcées............. 4
}

4 { Loges de l'anthère séparées par une nervure allon-
gée filiforme, la postérieure stérile ou nulle,
Sauge (Salvia); div. esp.
Loges de l'anthère réunies, filets simples, *Romarin*;
Midi.

5 { Fruit charnu, *Prasion*; Corse.
Fruit non charnu.......................... 6

6 { Corolle à 2 lèvres très-prononcées............ 7
Corolle à lèvre supérieure très-petite, ou à lobes
presque égaux.......................... 48

7 { Étamines inclinées vers la lèvre inférieure de la corolle, *Basilic (Ocimum)*; cultivé en vases.
Étamines dressées ou déjetées vers la lèvre supérieure, ou renfermées dans le tube.......... 8

8 { Filets des étamines bifurqués au sommet........ 9
Filets des étamines simples................... 10

9 { Calice nu à la maturité, *Brunelle (Prunella)*; qq.
esp., prés, champs.
Calice fermé de poils à la maturité, *Cléonie*; Lan-
guedoc.

10 { Calice fermé d'un opercule à la maturité, *Toque
(Scutellaria)*; qq. esp.
Calice dépourvu d'opercule................. 11

11 { Base de la lèvre du lobe moyen de la corolle munie
de chaque côté de 1-2 dents très fines....... 12
Base de la lèvre inférieure de la corolle dépourvue
de dents................................ 14

12 { Anthères plus ou moins hérissées............ 13
Anthères glabres, *Lamier*; div. esp.

13 { Calice à 5 dents presque égales acuminées-mucro-
nées, lèvre inférieure de la corolle à 3 lobes,
les latéraux très-petits, réfléchis, *Lamier*.
Calice à 5 dents égales mucronées, épineuses, lèvre
inférieure de la corolle à 3 lobes, munie à la
base de 2 dents creuses coniques, *Galéope*;
champs, décombres.

24 { Corolle à 4 lobes égaux, le supérieur entier, *Menthe pouliot*; lieux humides.
Corolle à 2 lèvres, la supérieure échancrée, l'inférieure à 3 lobes...................... 25

25 { Corolle grande à tube saillant, à gorge un peu renflée, *Mélisse (Calamintha)*; collines, vallées.
Corolle très-petite, à tube peu ou point saillant, à gorge non renflée..................... 26

26 { Calice cylindrique à 2 lèvres étalées, étamines non saillantes, *Crapaudine (Sideritis)*; qq. esp.
Calice ovale tubuleux à lèvre supérieure réfléchie, l'inférieure fléchie en dedans, étamines saillantes, *Thym*; lieux secs.

27 { Calice à 10 stries ou 15 nervures............. 28
Calice non strié......................... 33

28 { Calice à gorge fermée ou entourée de poils après la floraison, *Sarriette (Satureia)*; qq. esp., Midi.
Calice à gorge nue après la floraison.......... 29

29 { Fleurs 1-2 à chaque aisselle. 30
Fleurs nombreuses en verticilles denses........ 31

30 { Fleurs petites, calice à 10 stries, *Sarriette*.
Fleurs assez grandes, calice à 15 nervures, *Gléchome*; haies.

31 { Tige ligneuse, *Sarriette Thymbra*; Nice.
Tige herbacée 32

32 { Calice tubuleux en soucoupe à 5 dents, lèvre supérieure de la corolle crénelée, *Ballote*; décombres.
Calice cylindrique à 10 dents, lèvre supérieure de la corolle bifide, *Marrube*; bord des routes.

33 { Ovaires barbus au sommet, *Agripaume (Leonurus)*; décombres.
Ovaires glabres 34

34 { Calice fermé de poils après la floraison........ 35
Calice nu 36

35 { Fleurs en épis serrés non épineux, imbriqués de bractées, *Origan*; qq. esp.
Fleurs en verticilles épineux, *Ballote*.

36 { Étamines saillantes hors de la corolle......... 37
Étamines non saillantes................. 48

37 { Tube de la corolle très-large, ventru, *Mélitte*.
Tube de la corolle étroit................. 38

38 { Lèvre inférieure de la corolle à lobes latéraux très-courts, réfléchis, *Chataire* (*Nepeta*); lieux pierr.
Lèvre inférieure de la corolle à lobes latéraux dressés ou étalés....................... 39

39 { Tube de la corolle cylindrique, non renflé au sommet, *Betoine* (*Betonica*); qq. esp., bois, montagnes.
Tube de la corolle plus ou moins dilaté au sommet. 40

40 { Étamines rapprochées par paires ou déjetées d'un seul côté de la corolle................... 41
Étamines dressées ou écartées en tous sens..... 47

41 { Lèvre supérieure de la corolle très-entière...... 42
Lèvre supérieure de la corolle échancrée ou bifide. 44

42 { Fleurs jaunes, *Galéobdolon*; haies.
Fleurs blanches ou rouges................. 43

43 { Lèvre inférieure de la corolle à lobe du milieu en cœur renversé, *Lamier*; pl. esp.
Lèvre inférieure de la corolle à lobe du milieu entier, *Chaiture*; lieux secs.

44 { Anthères rapprochées par paires en croix, *Glechome*.
Anthères non rapprochées en croix........... 45

45 { Les deux courtes étamines déjetées sur les côtés après la fécondation, *Epiaire* (*Stachys*); pl. esp.
Étamines défleuries non déjetées sur les côtés.... 46

46 { Lèvre supérieure de la corolle échancrée ou à lanières divergentes, feuilles en cœur, *Lamier*.
Lèvre supérieure de la corolle à lobes non divergents, feuilles non en cœur, *Phlomide*; lieux secs, Midi.

47 { Fleurs unilatérales, corolle à 2 lèvres très-prononcées, *Hysope*; coteaux secs.
Fleurs non unilatérales, corolle à 2 lèvres peu prononcées. 48

48 { Corolle paraissant réduite à la lèvre inférieure.. 49
Corolle à 4-5 lobes presque égaux............ 50

49 { Lèvre supérieure de la corolle très-petite, à 2 dents, fruits ridés, *Bugle (Ajuga)*; qq. esp.
Lèvre supérieure de la corolle à 2 lèvres déjetées sur les côtés, fruits lisses, *Germandrée (Teucrium)*; plus. esp.

50 { Corolle à 5 lobes, *Sarriette*.
Corolle à 4 lobes, *Menthe*.

75° — Verbénacées.

Famille très-rapprochée des *labiées*, n'en différant que par le style qui naît du sommet de l'ovaire; plusieurs genres et espèces exotiques cultivées pour l'ornement; deux genres indigènes.

1 { Plante herbacée, *Verveine (Verbena)*; bords des routes.
Plante ligneuse, *Gatilier (Vitex)*; marais et côtes du Midi.

76° — Primulacées.

Plantes herbacées dont la plupart, comme la *Primevère*, qui est le type, fleurissent au printemps, et dont plusieurs entrent dans la culture des jardins d'ornement.

1 { Fleurs portées sur une hampe................. 2
  { Fleurs axillaires ou paniculées, munies de bractées. 9

2 { Feuilles ailées à dents de peigne, *Hottone*; eaux
  {   stagnantes.
  { Feuilles non ailées en dents de peigne.......... 3

3 { Corolle réfléchie, *Cyclamen*; bois frais et pierreux.
  { Corolle non réfléchie...................... 4

4 { Corolle à 5 lobes, découpés chacun en 5-7 lanières,
  {   *Soldanelle*; hautes montagnes.
  { Corolle à lobes non découpés en lanières........ 5

5 { Corolle en roue, à gorge élevée en anneau glandu-
  {   leux, feuilles réniformes incisées, *Cortuse*; hautes
  {   montagnes.
  { Corolle en soucoupe ou en entonnoir sans anneau
  {   glanduleux, feuilles non réniformes.......... 6

6 { Capsule s'ouvrant au sommet en 5-10 dents, *Pri-
  {   mevère* (*Primula*); div. esp., prés, montagnes.
  { Capsule s'ouvrant en 5 valves au delà du milieu.. 7

7 { Corolle en entonnoir, capsule à 2-3 graines, *Arétie
  {   de Vitalien*; Alpes.
  { Corolle en soucoupe, capsule à 5 graines ou plus.. 8

8 { Feurs en ombelle munie d'un involucre, *Androsace*;
  {   hautes montagnes.
  { Fleurs dépourvues d'involucre, *Arétie*; hautes mon-
  {   tagnes.

9 { Capsule s'ouvrant en travers ou ne s'ouvrant pas.. 10
  { Capsule s'ouvrant par des valves ou par des dents. 12

10 { Capsule s'ouvrant en travers, 4-5 étamines...... 11
   { Capsule ne s'ouvrant pas, 7 étamines, *Trientale*.

11 { 4 étamines, *Centenille*; prés et bois humides.
   { 5 étamines, *Mouron* (*Anagallis*); champs.

12 { Calice à 5 dents épineuses à la base, *Coris*; Midi.
   { Calice non épineux à 5 lobes ou 5 divisions..... 13

13 { Plante charnue, maritime, calice coloré, corolle ordinairement nulle, *Glaux*; bords des mers.
Plante non charnue, calice vert, corolle distincte. 14

14 { Corolle 3-4 fois plus courte que le calice, *Astérolin*; Midi.
Corolle plus longue que le calice............ 15

15 { Corolle en soucoupe à 5 lobes séparés par 5 dents, *Samole*; prés humides.
Corolle en roue à 5 lobes non séparés par des dents, *Lysimaque*; qq. esp., lieux humides.

77° — Globulariées.

Plantes herbacées ou demi-ligneuses à fleurs réunies en tête, d'où le nom de *globulaire* donné au genre qui constitue seul la famille et qui comprend quelques espèces croissant dans les lieux secs.

78° — Plumbaginées.

Plantes vivaces herbacées ou un peu ligneuses, à fleurs en épis ou en capitules munies de bractées, formant trois genres.

1 { Styles cohérents jusqu'au sommet, *Dentelaire* (*Plumbago*); Midi.
Styles libres dès leur base ou dans leur moitié supérieure............... 2

2 { Fleurs en capitule involucré et muni d'une gaîne renversée, style plumeux, hampe simple, *Armérie* (*Gazon d'Olympe*); qq. esp., hautes montagnes et Midi.
Fleurs en épi, styles glabres, hampe rameuse, *Statice*; plus. esp., sables maritimes.

79ᵉ — Plantaginées.

Plantes herbacées vivaces ou annuelles, formant deux genres.

1 {
Fleurs en épi, chacune avec étamines et pistils, ovaires à 2-4 graines, *Plantain (Plantago)*; div. espèces.

Fleurs staminées solitaires au sommet des pédoncules, fleurs pistillées sessiles à la base des pédoncules, ovaire à 1 graine, *Littorelle* ; lieux inondés.
}

4ᵉ SOUS-CLASSE. — MONOCHLAMIDÉES.

Une seule enveloppe florale ou périanthe.

80ᵉ — Amaranthacées.

Plantes herbacées, à fleurs agglomérées en cymes de diverses formes.

1 {
Fleurs en épis ou glomérules non soudés, *Amaranthe*; qq. esp., l'une cultivée pour l'ornement sous le nom de *Queue-de-Renard*.

Fleurs en tête globuleuse ovoïde, violette, *Gomphrena*; cultivée pour l'ornement sous le nom d'*Immortelle violette*, ou *Amaranthine*.

Fleurs formant, par leur réunion au sommet de la tige, une crête ondulée, *Célosie,* cultivée sous le nom de *Crête-de-Coq*.
}

81ᵉ — Chénopodées.

Herbes ou sous-arbrisseaux à petites fleurs verdâtres, dont plusieurs sont cultivées comme plantes potagères.

1 { Fruit en baie, *Phytolacca* ; Midi, cultivé.
Fruit en capsule.............................. 2

2 { Herbe grimpante, *Baselle* ; cultivée sous le nom
d'épinard du Malabar.
Plante non grimpante....................... 3

3 { Plante sans feuilles, à rameaux articulés, *Salicorne* ;
marais maritimes.
Tige feuillée.............................. 4

4 { Fleurs pourvues de bractées.................. 5
Fleurs dépourvues de bractées. 7

5 { Fleurs munies de 3 bractées, calice à 5 divisions,
Bette ; cultivée.
Fleurs à 2 bractées, calice à 5 parties.......... 6

6 { Fleurs solitaires, *Soude (Salsola)* ; rivage des mers.
Fleurs agglomérées, *Sueda* ; rivage des mers.

7 { Fleurs staminées distinctes des fleurs pistilées, *Épinard* ; cultivé.
Fleurs renfermant à la fois étamines et pistils, ou
les unes à étamines, d'autres à pistils........ 8

8 { Fleurs à 4-5 étamines, calice à 4-5 parties...... 9
Fleurs à 10-12 étamines, calice à 2 divisions, *Théligone* ; Midi.

9 { Fleurs réunissant toutes étamines et pistils....... 10
Fleurs les unes avec étamines et pistils réunis, les
autres à étamines et pistils séparés.......... 16

10 { Ovaire convexe d'un côté, plane de l'autre, entouré
d'un rebord membraneux, *Corisperme* ; Midi.
Ovaire non bordé............................ 11

11 { 1-2 étamines, *Blite* ; lieux humides et cultivés.
4-5 étamines............................. 12

12 { Calice à 4 divisions, dont 2 plus grandes, opposées,
Camphrée ; Midi.
Calice à 5 divisions égales ou presque égales.... 13

13 { Étamines insérées à la gorge du calice, fruit adhérent au tube du calice endurci, *Bette*; cultivée.
Étamines insérées à la base du calice, fruit non
adhérent   14

14 { Feuilles sessiles, *Kokie*; Midi.
Feuilles pétiolées   15

15 { Ovaire déprimé, graine horizontale, *Ansérine (Che-
nopodium*; plus. esp.
Ovaire ovoïde, graine verticale, *Blite*.

16 { 1-2 étamines, calice charnu à la maturité, *Blite*.
3-5 étamines, calice ne devenant pas charnu, *Ar-
roche (Atriplex)*; plus. esp.

82ᵉ — Polygonées.

Herbes à tiges articulées, formant des genoux aux
articulations, d'où le nom de *polygonées*, munies aux
articulations de gaînes ou stipules scarieuses en
dedans du pétiole de la feuille.

1 { Calice à 5 divisions, *Renouée (Polygonum)*; div. esp.
Calice à 4 sépales, *Oxyrie*; Alpes, Pyrénées.
Calice à 6 sépales, *Patience (Rumex)*; div. esp.

La *rhubarbe*, employée comme tonique, se retire de
la racine d'une plante de cette famille, originaire de
l'Asie.

83ᵉ — Thymélées.

Plantes herbacées ou ligneuses à suc caustique;
le genre *daphné*, le plus commun, nommé aussi *Thy-
mélée*, a donné son nom à la famille.

1 { Fruit en baie, *Daphné*; plus. esp.
Fruit en capsule   2

2 { Arbrisseau, *Passerine*; plus. esp.
Herbes, *Stellaire*; champs arides.

— 173 —

84° — Laurinées.

Le *laurier des poètes* (*laurus nobilis*), arbre à feuilles persistantes, fleurs agglomérées, représente seul cette famille; c'est d'une espèce de l'Orient qu'on tire la *cannelle*, et d'une autre le *camphre*.

85° — Santalacées.

La famille tire son nom du *santal*, dont le bois aromatique est employé comme parfum; elle n'a que deux genres indigènes.

1 { Arbrisseau à feuilles alternes, fleurs jaunâtres en grappe, *Osyris*; Midi.
Herbe ou sous-arbrisseau, fleurs en épi ou en panicule, *Thésion*; montagnes.

86° — Éléagnées.

Arbrisseaux ou arbres à rameaux quelquefois épineux.

1 { Fleurs à étamines et pistils, et fleurs à étamines seulement, calice à 4-6 divisions, *Chalef* (*Eleagnus*; Midi.
Fleurs les unes à étamines, les autres à pistils seulement, calice à 2 divisions, *Argousier* (*Hippophae*); lieux sablonneux.

87° — Cytinées.

Un seul genre, le *cytinet*, plante charnue garnie d'écailles, parasite sur les racines des cistes; Midi.

88° — Aristolochées.

Herbes ou sous-arbrisseaux, deux genres.

10.

⎧ Filets des étamines en tube autour du style, limbe
⎪   de la fleur en languette allongée, *Aristoloche*;
1 ⎨   qq. esp.
⎪ Filets des étamines libres, fleur à 3 divisions régu-
⎩   lières, *Asaret*; lieux pierreux ombragés.

89ᵉ — Euphorbiacées.

Arbrisseaux ou herbes à fleurs souvent dépourvues
de corolles; suc gommo-résineux, âcre, caustique,
délétère. On retire du *ricin* une huile purgative, du
croton le bleu de tournesol, du *jatropha*, exotique,
le caoutchouc.

1 ⎰ Ovaire à 2 loges, *Mercuriale*; champs ou bois.
  ⎱ Ovaire à 3 loges......................... 2

2 ⎰ Plantes à suc laiteux, *Euphorbe*; nombr. esp.
  ⎱ Plantes à suc non laiteux................... 3

3 ⎰ Feuilles palmilobées, *Ricin*; cultivé.
  ⎱ Feuilles non palmilobées................... 4

4 ⎰ Tige herbacée, *Croton*; Midi.
  ⎱ Tige ligneuse, *Buis* (*Buxus*); lieux stériles, Midi.

90ᵉ — Urticées et Ulmacées.

Herbes ou arbres à fleurs petites, vertes, étamines
et pistils habituellement séparés, sur le même pied ou
sur des pieds différents.

⎧ Herbes................................ 2
⎪ Arbres................................ 3
1 ⎨ Plante grimpante vivace, *Houblon* (*Humulus*); cul-
⎪   tivé; le strobile des fleurs employé pour la pré-
⎩   paration de la bière.

2 ⎰ Tige droite, feuilles digitées, *Chanvre (Cannabis)*; cultivé.
 ⎱ Tige carrée à poils piquants, *Ortie (Urtica)*; champs, décombres.
 ⎱ Tige tombante, faible, *Pariétaire*; murs.

3 ⎰ Arbres à fruit charnu........................ 4
 ⎱ Arbres à fruit non charnu.................... 5

4 ⎰ Fleurs renfermées dans un réceptacle creux, formant le fruit, *Figuier (Ficus)*; Midi, cultivé.
 ⎱ Fleurs en épis à étamines et épis à pistils, *Mûrier (Morus)*; 3 espèces cultivées.

5 ⎰ Fruit globuleux à 1 noyau, *Micocoulier*; Midi.
 ⎱ Fruit aplati ailé, *Ormeau (Ulmus)*; routes, bois.

Cette famille fournit le fruit du figuier comestible, le fil qu'on retire du chanvre, la feuille du mûrier pour la nourriture du ver à soie. Dans les Indes et les îles du Sud, on trouve l'*arbre à pain*, dont la pulpe farineuse du fruit sert à l'alimentation des habitants.

91ᵉ — Juglandées.

Un seul genre, le *noyer (juglans)*, cultivé pour son fruit comestible et oléagineux.

92ᵉ — Amentacées.

Arbres ou arbrisseaux à fleurs et fruits en chatons.

1 ⎰ Graines chevelues........................... 2
 ⎱ Graines non chevelues....................... 3

2 ⎰ 1-5 étamines, capsule à 1 loge, *Saule (Salix)*; très-nombreuses espèces comprenant les *Osiers*.
 ⎱ 8-30 étamines, capsule à 2 loges, *Peuplier (Populus)*; qq. esp., lieux humides.

3 { Chatons à étamines sur des pieds différents de ceux à pistils, *Myrica*, petit arbrisseau ; Ouest.
Chatons à étamines et chatons à pistils sur le même pied.................................... 4

4 { Écailles inférieures du chaton vides et soudées en involucre entourant le fruit................ 5
Écailles du chaton toutes fertiles, non soudées en involucre 8

5 { Involucre ouvert. 6
Involucre fermé........................... 7

6 { Fruit entouré d'un involucre foliacé, déchiré au bord, *Coudrier* (*Corylus*, *Noisetier*) ; bois taillis.
Fruit enchâssé dans un involucre coriace, écailleux, entier au bord, *Chêne* (*Quercus*) ; plus. esp.

7 { Fruit triangulaire, 1-2 graines huileuses, *Hêtre* (*Fagus*) ; bois montueux.
Fruit globuleux, épineux, 1-2 graines farineuses, *Châtaignier* (*Castanea*) ; lieux montueux.

8 { Fruit comprimé à 2 ailes membraneuses, *Bouleau* (*Betula*) ; qq. esp., lieux humides, montagnes.
Fruit non ailé. 9

9 { Fruits formés d'utricules contenant une noix sèche à 2 loges, *Ostrye* ; Midi.
Fruit à 1 loge, à 1 graine. 10

10 { Capsule chevelue à la base, feuilles à lobes palmés, *Platane* ; cultivé, allées.
Capsule non chevelue, feuilles non lobées, palmées. 11

11 { Chatons à pistils et graines, ovales globuleux, écailles entières, 4-12 étamines, *Aulne* (*Alnus*) ; qq. esp.
Chatons à graines lâches, allongés, écailles à 3 lobes, 8-14 étamines, *Charme* (*Carpinus*) ; forme la charmille des haies.

93ᵉ — Conifères.

Arbres résineux à feuilles persistantes, fleurs et fruits agglomérés en boules ou *cones*, garnis d'écailles imbriquées, d'où le nom donné à la famille.

1 { Chaque fleur à 1 étamine à 2 loges............ 2
{ Chaque fleur à 4-10 étamines................ 4

2 { Chatons à étamines en grappes, écailles des cônes
{ épaisses, *Pin (Pinus)*; qq. esp.
{ Chatons à étamines simples, écailles des cônes
{ minces............................... 3

3 { Feuilles isolées, persistantes, écailles obtuses, *Sapin*
{ *(Abies)*; 2 esp.; forêts.
{ Feuilles en faisceau, caduques, écailles aiguës,
{ *Mélèze (Larix)*; Alpes.

4 { Sous-arbrisseau sans feuilles, *Ephedra*; lieux mari-
{ times du Midi.
{ Arbres ou arbrisseaux feuillés................ 5

5 { Feuilles alternes, *If (Taxus)*; basses montagnes.
{ Feuilles ternées ou imbriquées.............. 6

6 { Écailles contiguës par les bords, à la fin séparées,
{ *Cyprès (Cupressus)*; cultivé, Midi.
{ Écailles imbriquées....................... 7

7 { Fruit formant une capsule ailée, *Thuia*; cultivé.
{ Fruit en baie à 3 graines, *Genévrier (Juniperus)*;
{ qq. esp., coteaux secs.

2ᵉ CLASSE — MONOCOTYLÉDONES

1ʳᵉ SOUS-CLASSE — MONOCOTYLÉDONES PHANÉROGAMES

Fleurs distinctes à organes visibles à l'œil nu.

94ᵉ — Hydrocharidées.

Plantes aquatiques nageantes, à feuilles radicales engaînantes.

1 { Sépales et pétales 3, capsule à 1-6 loges........ 2
  { Sépales 4-5, pétales et loges de la baie indéfinies. 4

2 { Feuilles orbiculaires, *Morrène (Hydrocharis)*; eaux
  { douces.
  { Feuilles non orbiculaires..................... 3

3 { Feuilles triangulaires en glaive, dentées, épineuses,
  { *Stratiote*; eaux stagnantes et fossés.
  { Feuilles planes linéaires, non épineuses, *Vallisnérie*;
  { rivières.

4 { Pétales blancs sans fossette nectarifère, *Nénuphar*
  { *(Nymphœa)*; eaux stagnantes.
  { Pétales jaunes à fossette nectarifère dorsale, *Nuphar*;
  { eaux stagnantes.

95ᵉ — Alismacées.

Herbes aquatiques à feuilles radicales engaînantes avec tiges ou hampes s'élevant en l'air.

1 { 1-6 ovaires............................. 2
  { Plus de 6 ovaires...................... 5

2 { 9 étamines, *Butome*; eaux courantes.
  { 6 étamines............................. 3

3 { Capsules dressées, rapprochées par le haut, se séparant à la base, *Troscart* (*Triglochin*); marais.
Capsules divergentes ou en étoile............ 4

4 { Feuilles oblongues en cœur, *Fluteau étoilé*; bord des mares.
Feuilles étroites en gouttière, *Scheuchzérie*; marais de montagnes.

5 { 2-4 étamines, feuilles en flèche, *Sagittaire*; étangs, fossés.
6 étamines, feuilles non en flèche, *Fluteau* (*Alisma*); qq. esp., étangs, fossés.

90ᵉ — Potamées.

Herbes aquatiques submergées.

1 { Fleurs à étamines et pistils réunis............. 2
Fleurs à étamines distinctes de celles à pistils.... 5

2 { Fleurs à périanthe, disposées en épi, *Potamot*; plus. esp., étangs, rivières.
Fleurs sans périanthe, non en épi............. 3

3 { Fleurs entourées d'une spathe, 2-4 étamines..... 4
Fleurs sans spathe, 1 étamine, *Zannichelle*; mares, eaux stagnantes.

4 { 2 fleurs dans la spathe, 2 étamines, 4 ovaires, *Ruppie*; étangs maritimes.
3-6 fleurs, chacune dans une spathe particulière, 4 étamines, 1 ovaire, *Posidonie*; mer.

5 { Feuilles dentées, *Naïade*; fleuves et marais.
Feuilles entières..................... 6

6 { Fleurs renfermées dans une spathe prolongée en feuille, *Zostère*; côtes maritimes.
Fleurs dépourvues de spathe, *Althénie*; étangs maritimes, Midi.

— 180 —

97ᵉ — Orchidées.

Herbes à souche rampante ou composée de tubercules, feuilles engaînantes ou sessiles, fleurs ordinairement en épi, calice adhérent à l'ovaire à trois sépales, corolle irrégulière à trois pétales, dont l'inférieur, *tablier*, plus grand, quelquefois prolongé en éperon; masse staminifère adhérente au haut de la gorge du calice, stigmate situé sous l'anthère en forme de tache glanduleuse. Fleurs affectant des formes diverses et bizarres, une mouche, une araignée, un sabot.

1 ⎰ Tablier très-grand, creusé en sabot, *Cypripède*; prés montueux et ombrageux.
 ⎱ Tablier non en forme de sabot............... 2

2 ⎰ Tablier prolongé à la base en éperon ou en sac.... 3
 ⎱ Tablier non prolongé à la base................ 5

3 ⎰ Plantes feuillées, *Orchis*; plus. esp.
 ⎱ Plantes non feuillées...................... 4

4 ⎧ Fleur violette, éperon allongé ascendant, *Limodore*; coteaux.
 ⎨ Fleur blanchâtre, éperon ample, en capuchon, *Epipogon*; bois montueux.
 ⎩ Fleur blanchâtre, éperon très-court, *Corallorhize*; bois de sapins.

5 ⎰ Plantes écailleuses non feuillées 6
 ⎱ Plantes feuillées 7

6 ⎰ Fleurs à 6 divisions rapprochées en casque, tablier bifide, *Néottie* (*Nid d'oiseau*); bois.
 ⎱ Sépales latéraux déjetés, tablier en gouttière, presque à 3 lobes, *Corallorhize*.

7 ⎧ Fleurs en épi tordu en spirale, *Spiranthe*; 2 esp.
 ⎨ Fleurs en épi décroissant, serré, unilatéral, *Goodyère*; bois montueux.
 ⎩ Fleurs en grappe ou épi ni unilatéral, ni en spirale. 8

8 { Tablier à **3** lobes, ceux de la base dressés en oreillettes, celui du milieu très-grand en languette, *Helléborine (Serapias)* ; Midi.
Tablier interrompu, incisé au milieu, embrassant étamines et pistil, *Epipactis* ; qq. esp.
Tablier rétréci à la base, ou continu non incisé au milieu ou à lobes de la base non dressés 9

9 { 2 masses de pollen distinctes, pédicellées, *Ophrys* ; div. esp.
2 masses de pollen sessiles 10

10 { Fleurs assez grandes, tablier bifide, masses de pollen indivises, *Néottie* ; qq. esp., montagnes.
Fleurs très-petites, tablier entier, masses de pollen en 2 parties. 11

11 { Filet de l'anthère allongé, ailé au sommet, fleurs jaunâtres, *Sturmie* ; marais.
Filet de l'anthère court, non ailé au sommet, fleurs verdâtres, *Malaxis* ; marais.

Cette famille fournit la *vanille*, exotique, au parfum très-aromatique ; les racines tubéreuses de divers genres renferment une fécule mucilagineuse très-nutritive dont les Orientaux tirent le *salep*.

98ᵉ — Iridées.

Herbes vivaces à racines tubéreuses, feuilles en glaive, calice coloré adhérent à l'ovaire en trois sépales, trois pétales, trois étamines, style à trois stigmates, spathe uniflore.

1 { Style portant trois lanières très-grandes pétaloïdes, *Iris* ; pl. esp., qq.-unes cultivées.
Style ne portant pas de lanières pétaloïdes 2

2 { Fleur irrégulière presque à 2 lèvres, *Glayeul (Gladiolus)* ; peu d'esp. indigènes, plusieurs cultiv.
Fleur régulière 3

3 { 3 stigmates bifides, très-étroits, réfléchis, *Ixie* ; pelouses montueuses.

3 stigmates dilatés, dentés, roulés en dedans, *Safran (Crocus)* ; qq. esp. dont une cultivée.

On retire du *safran* une poudre jaune employée pour colorer les pâtes ; la racine de l'*iris* est employée en parfumerie ; plusieurs plantes exotiques sont cultivées pour l'ornement.

99ᵉ — Amaryllidées.

Herbes vivaces à racines ordinairement bulbeuses, fleurs solitaires ou en ombelle sortant d'une spathe, calice et corolle homogènes à trois divisions, six étamines, styles à trois stigmates.

1 { Fleurs munies d'une couronne à la gorge 2
Fleurs dépourvues de couronne 3

2 { Etamines très-saillantes, fleurs en entonnoir, *Pancrace* ; rivage des mers.
Etamines peu ou point saillantes, fleurs en soucoupe, *Narcisse* ; div. esp., qq.-unes cultivées.

3 { Fleur jaune à gorge munie de 6 petites écailles, *Amaryllis* ; Midi.
Fleur blanche ou rosée à gorge nue 4

4 { Fleur en cloche à 6 divisions égales épaissies au sommet, *Nivéole (Leucoium)* ; qq. esp.
Fleur à 3 divisions extérieures plus longues que les 3 intérieures échancrées, *Perce-Neige (Galanthus)*.

100ᵉ — Asparagées.

Herbes ou arbustes à caractères assez divers.

1 { Tige herbacée 2
Tige ligneuse ou sous-ligneuse 7

2 { Tige grimpante, ovaire sous la fleur, *Tamier*; haies.
{ Tige non grimpante, ovaire dans la fleur........ 3

3 { Feuilles filiformes réunies en petits faisceaux, *As-
{ perge* (*Asparagus*); qq. esp. dont une cultivée,
{ comestible.
{ Feuilles à limbe plus ou moins élargi, non fasci-
{ culées............................... 4

4 { Tige uniflore, fleur verte, *Parisette* (*Paris*); mon-
{ tagnes.
{ Tige pluriflore, fleurs blanches............ 5

5 { Tige rameuse, *Streptope*; bois ombragés des mon-
{ tagnes.
{ Tige ou hampe simple.................. 6

6 { Périanthe à 4 pétales ouverts, feuilles en cœur,
{ *Maïanthème*; bois montueux.
{ Périanthe tubuleux ou en grelot, à 6 dents, feuilles
{ non en cœur, *Muguet* (*Convallaria*); qq. esp., bois,
{ montagnes.

7 { Tige grimpante en grappes flexueuses, tige à aiguil-
{ lons, *Smilax*; haies, Midi.
{ Fleurs appliquées à la surface des feuilles, coriaces,
{ toujours vertes, piquantes, *Fragon* (*Ruscus*); lieux
{ arides.

101ᵉ — Liliacées.

Plantes herbacées à racine bulbeuse, fleurs à six
divisions colorées dont les trois extérieures représentent le calice, et les trois intérieures la corolle,
six étamines, un style. Plusieurs espèces sont cultivées
omme plantes potagères : *oignon, poireau, ail*; d'au-
res comme plantes d'ornement, spécialement le *lys*,
ype de la famille.

{ 3 stigmates.......................... 2
{ 1 stigmate.......................... 7

13 { Étamines insérées à la base de la fleur, *Scille*; plus. esp.
Étamines insérées vers le milieu de la fleur, *Jacinthe*; qq. esp.

14 { Filets des étamines dilatés à la base, *Ornithogale*; plus. esp.
Filets des étamines non dilatés à la base........ 15

15 { Fleurs jaunes ou vertes en dehors, *Gagée*; pl. esp.
Fleurs bleues ou blanches, *Scille*.

16 { Pédoncules continus , non articulés, *Narthécie*; marais.
Pédoncules articulés..................... 17

17 { Étamines dilatées à la base, en voûte couvrant l'ovaire, *Asphodèle*; qq. esp.
Étamines à filets non dilatés à la base, *Anthérie*; qq. esp.

102ᵉ — Colchicacées.

Plantes herbacées, fleurs à six divisions, six étamines, trois styles, racines fibreuses ou tuberculeuses à principe âcre, purgatif et vermifuge.

1 { Fleurs à 6 divisions imbriquées sur 2 rangs, styles très-longs............................... 2
Fleurs à 6 divisions sur un rang, styles très-courts 3

2 { Chaque division de la fleur portant une étamine au sommet, *Bulbocode*; deux esp., Alp., Pyrén.
Chaque division de la fleur portant une étamine à la base, *Colchique*; qq. esp., prairies.

3 { Fleur entourée d'un petit involucre à la base, *Tofieldie*; prairies humides de montagnes.
Fleur dépourvue d'involucre à la base, *Varaire* (*Veratrum*); montagnes.

103e — Joncées.

Plantes herbacées à feuilles longues, engaînantes, fleurs glumacées ou écailleuses à six divisions sur deux rangs, six étamines, un style.

1 {
Feuilles cylindriques, *Jonc* ; nombr. esp., lieux humides.
Feuilles planes, *Luzule*; div. esp., bois, prairies.
}

104e — Palmiers.

Famille très-importante d'arbres, qui, dans les régions intertropicales, fournissent de précieux produits.

Le *dattier* fournit un fruit charnu et mielleux.

L'*areca palmiste* donne par sa sommité le *chou palmiste*.

Le *rotang* fournit les roseaux à canne ou joncs.

Le *cocotier* fournit le *coco*, fruit à amande douce.

Le tronc de la plupart des palmiers fournit une fécule nommée *sagou*.

105e — Aroïdées.

Herbes à tige souvent nulle, larges feuilles engaînantes, calice et corolle nues, étamines ordinairement séparées des pistils, quoique portées sur le même spadice.

1 {
Très-petites plantes nageantes formées d'une feuille arrondie, *Lenticule* (*Lemma*); eaux dormantes.
Plantes terrestres ou marécageuses............ 2
}

2 {
Fleurs entourées d'écailles dépourvues de spathe, *Açore*.
Fleurs dépourvues d'écailles, entourées d'une spathe. 3
}

3 { Spadice tout couvert d'étamines et d'ovaires entre-
      mêlés, *Calta*; fossés, lacs.
    { Spadice nu au sommet..................... 4

4 { Spathe non tubuleuse à la base, styles nuls, baie à
      une graine, *Gouet* (*Arum*); haies humides.
    { Spathe cylindrique en capuchon, ovaires munis de
      styles à trois graines, *Capuchon* (*Arisarum*); Midi.

106ᵉ — Typhacées.

Herbes aquatiques sans nœuds, feuilles en glaive
presque engaînantes, fleurs en têtes ou chatons.

1 { Chatons cylindriques ou oblongs, *Massette* (*Thypha*);
      qq. esp., marais, lacs.
    { Chatons globuleux, *Rubanier* (*Sparganium*); qq. esp.,
      fossés, marais.

107ᵉ — Commélinées.

Un seul genre et une seule espèce de cette famille
croît en France, c'est l'*Aphyllante* de Montpellier, à
fleurs bleues, en tête de hampes gazonnantes sans
feuilles; lieux secs du Midi.

108ᵉ — Cypéracées.

Herbes la plupart marécageuses et vivaces à
chaumes sans nœuds, fleurs en petits épis, calice à
une valve (*glume*), ou une écaille (*glumelle*), corolle
monopétale en forme d'utricule contenant le fruit, ou
à pétales libres réduites à leurs nervures (*soies hypogines*), trois étamines, un pistil; fruit en forme de
graine nue (*noix, cariopse*). Quelques espèces servent
à faire des nattes, des corbeilles, des liens.

1 { Fleurs à étamines et pistils réunis............. 2
    { Fleurs à étamines distinctes de celles à pistils.... 6

2 { Ecailles imbriquées sur deux rangs............ 3
{ Ecailles imbriquées en tous sens.............. 4

3 { Fruit dépourvu de soies à la base, écailles toutes
fertiles, *Souchet* (*Cyperus*); plus. esp., marais,
prés.
Fruit entouré de soies à la base, écailles inférieures
infertiles, *Choin* (*Schœnus*); plus. esp., lieux fan-
geux.

4 { Fruit entouré à la base de soies très-longues, *Erio-
phore* (*Linaigrette*); qq. esp., marais tourbeux.
Soies nulles ou plus courtes que les écailles...... 5

5 { Écailles imbriquées sur 4 rangs, les inférieures plus
petites, stériles, *Cladie*; tourbières.
Écailles régulièrement imbriquées en tous sens, ordinairement toutes fertiles, *Scirpe*; nombr. esp.,
lieux humides.

6 { 1 fleur sous chaque écaille, fruit contenu dans un
utricule; percé au sommet, *Carex*; très-nomb. esp.
2 fleurs sous chaque écaille, fruit non contenu dans
un utricule, *Kobrésie*; Alpes.

109ᵉ — Graminées.

Famille des plus nombreuses et des plus impor-
tantes, tant pour le fourrage qu'elle fournit aux bestiaux que par les grains farineux qui servent à l'alimentation de l'homme : *blé, riz, maïs.*

Plantes herbacées à tige (*chaume*) cylindrique,
creuse, à nœuds d'où naissent des feuilles engaînantes
avec stipule (*ligule*, ou *languette*) à l'intérieur. Fleurs
disposées le long d'un axe (*rachis*) en petits épis (*épillets*), tantôt sessiles, formant *épi*, tantôt pédicellées,
formant *panicule*, avec un involucre de deux bractées
écailleuses (*glumes*). Chaque fleur est pourvue de deux

bractées (*glumelles, bâles,* ou *paillettes*). Périanthe souvent nul ou constitué par trois écailles courtes (*glumellules*) ; ordinairement trois étamines, deux styles, un ovaire à une graine (*caryopse*).

1 { Epillets-uniflores, dépouvus de bractée. 2
   { Epillets à 1-2 bractées. 3

2 (Epillets pédicellés en panicule diffuse, 3-6 étamines,
     Léersie ; bords des fossés et des marais.
   Epillets sessiles en épi simple sur un axe creusé,
     3 étamines, *Nard* ; prés secs, montueux.
  (Epillets sessiles en épi filiforme, une bractée exi-
     guë, 1 étamine, *Psilure* ; champs du Midi.

3 (Bractée supérieure toute hérissée en dehors d'aspéri-
     tés crochues, *Bardannette* (*Tragus*) ; rochers,
     lieux sablonneux.
  (Bractée non hérissée en dehors d'aspérités crochues.   4

4 { Fleurs à 6 étamines, *Riz* ; (*Oryza*), cultivé.
   { Fleurs à 1-3 étamines. 5

5 (Fleurs à étamines en panicule terminale, fleurs à grai-
     nes en fuseau, styles très-longs, *Maïs* (*Zea*) ; cultivé.
  (Fleurs autrement disposées. 6

6 (Epillets géminés ou ternés, un seul fertile. 7
  { Epillets fertiles entremêlés d'épillets stériles. 8
  (Epillets tous fertiles 9

7 (Epillets géminés, les supérieurs ternés, chacun à 2
     fleurs, la supérieure seule fertile, à une très-lon-
     gue arête, *Barbon* (*Andropogon*). A ce genre du
     Midi appartiennent le *sorgho* et le *millet*, cultivés.
  (Epillets tous ternés à 2 fleurs, la supérieure réduite
     à un rudiment en alène, l'inférieure fertile, à
     1 arête, *Orge* (*Hordeum*) ; qq. esp. cultivées, plus.
     naturelles.

8 { Epillets sur deux rangs à 2-5 fleurs, entremêlés de nombreux épillets stériles figurant un involucre à dents de peigne, bractées non ailées, carénées, *Cynosure*; qq. esp., prés, champs, Midi.
Epillets non sur 2 rangs, entremêlés d'épillets stériles non en forme d'involucre, bractées à carène ailée, *Phalaride*; qq. esp., lieux humides.

9 { Epillets exactement à 1 fleur................. 10
Epillets à une fleur fertile et 1-2 autres incomplètes ou presque avortées................. 26
Epillets à 2 ou plusieurs fleurs fertiles......... 42

10 { Fleurs en épi filiforme sur un axe creusé articulé. 11
Non................................. 12

11 { 1 bractée exiguë, 1 étamine, *Psilure*.
2 bractées presque égales, 3 étamines, *Rottbolle*; sables maritim.

12 { Bractées plus courtes que la fleur, ou environ de même longueur......................... 13
Bractées plus longues que la fleur............. 16

13 { Fleurs en épis digités, *Chiendent* (*Cynodon*); partout.
Fleurs en thyrse, en épi, ou en tête.......... 14
Fleurs en panicule diffuse.................. 15

14 { Sépale inférieur sans arête, *Crypse*; rivag. de la mer.
Sépale inférieur muni d'une arête au-dessous du milieu, *Vulpin* (*Alopecurus*); qq. esp., prés.

15 { Fleur glabre à pédicelle garni de poils aussi longs qu'elle, chaume de 1 m. 50 à 3 m., *Roseau* (*Phragmites*); fossés.
Fleur très-longuement poilue de la base au milieu, à pédicelle très-glabre, chaume de 2 m. 50 à 5 m., *Donax* (*Arundo, Canne de Provence*); Midi.
Fleur glabre ou brièvement poilue à la base, ainsi que le pédicelle, *Agrostide*; plus. esp.

16 { Epillets presque unilatéraux, sessiles, à 2 rangs, bractées persistantes sur l'axe............. 17
Non................................... 18

17 { Épi solitaire, plante de 2 à 5 centim., *Mignonnette (Chamagrostis)* ; lieux sablonneux.
Épis en grappe, plante de plus de 5 centim., *Spartine* ; sables.

18 { Fleur longuement poilue à la base, *Calamagrostide* ; qq. esp.
Fleur glabre ou brièvement poilue à la base..... 19

19 { Bractées cartilagineuses et ventrues, arrondies à la base, *Gastridie* ; champs.
Bractées non ventrues, arrondies à la base...... 20

20 { Bractées munies d'une arête................. 21
Bractées dépourvues d'arête................. 22

21 { Bractées divergentes au sommet mucroné en arête, sépale inférieur émoussé ou muni, sur le dos, d'une courte arête, *Fléole (Phleum)* ; qq. esp., champs, prés.
Bractées non divergentes, sépale inférieur tronqué, dentelé, émettant vers le sommet une longue arête, *Polypogon* ; lieux maritimes.
Bractées mucronées en arête, sépale inférieur émettant une courte arête au-dessus de la base, *Vulpin de Gérard* ; Alpes.

22 { Sépale inférieur sans arête................. 23
Sépale inférieur muni d'une arête dorsale...... 24
Sépale inférieur terminé en arête............. 25

23 { Fruit renfermé par les sépales endurcis, *Millet (Milium)* ; qq. esp.
Fruit non renfermé par les sépales endurcis, *Agrostide* ; div. esp.

24 { Fleurs en thyrse presque cylindrique, *Vulpin*.
Fleurs en panicule diffuse à rameaux verticillés, *Agrostide*.

53 { Épillets à 3 fleurs ou plus, *Froment* (*Triticum*) ; quelques espèces cultivées, d'autres naturelles.
Épillets à 2 fleurs et un rudiment supérieur, *Seigle* (*Secale*) ; cultivé.

54 { Sépale inférieur muni d'une arête terminale, ou à peu près............................ 55
Sépale inférieur sans arête................... 61

55 { Sépale inférieur bifide, arête partant du fond de l'échancrure, *Danthonie* ; lieux secs.
Arête insérée sous le sommet................. 56
Arête terminale............................. 59

56 { Arête très-distinctement insérée au-dessous du sommet, *Brome* ; div. esp.
Arête à peine insérée au-dessous du sommet.... 57

57 { 2 bractées paraissant insérées à la même hauteur, *Kœlerie* ; qq. esp.
Bractées sensiblement insérées l'une au-dessous de l'autre.............................. 58

58 { Sépale inférieur caréné, panicule agglomérée, *Dactyle* ; qq. esp.
Sépale inférieur à dos arrondi non caréné, panicule quelquefois resserrée en grappe ou épi, *Fétuque.*

59 { Bractées paraissant insérées à la même hauteur, *Kœlerie.*
Bractées sensiblement insérées l'une au-dessus de l'autre............................ 60

60 { Sépale inférieur caréné, épillets sur deux rangs en épi, *Seslérie* ; qq. esp.
Sépale inférieur à dos arrondi, épillets paniculés, *Fétuque.*

61 { Épillets à 2 fleurs inférieures stériles en forme d'écailles et une supérieure fertile, *Phalaride* ; qq. esp.
Épillets à fleurs inférieures toujours fertiles, 1-3 supérieures quelquefois stériles............. 62

62 { Bractées paraissant insérées à la même hauteur, *Kœlerie.*
Bractées sensiblement insérées l'une au-dessus de l'autre........................ **63**

63 { Épillets sur deux rangs, serrés en thyrse ou en épi, *Seslérie.*
Non,........................... **64**

64 { Sépale inférieur caréné, ordinairement poilu à la base, fleurs toutes fertiles, *Paturin (Poa)* ; plus. esp.
Sépale inférieur glabre et ventru en cœur à la base, fleurs toutes fertiles, *Brize* ; qq. esp.
Sépale inférieur à dos arrondi, fleur supérieure ordinairement stérile...................

65 { Bractées concaves renfermant les fleurs, 1-2 inférieures seules fertiles, les 2-3 supérieures informes, *Mélique.*
Bractées ordinairement carénées, plus courtes que les fleurs, la supérieure seule quelquefois avortée, *Fétuque.*

A la famille des graminées appartiennent la *canne à sucre* dont on extrait le sucre ; le *bambou* qui acquiert les dimensions des palmiers et sert pour les constructions des Indiens.

2ᵉ SOUS-CLASSE — MONOCOTYLÉDONÉES CRYPTOGAMES

Fleurs indistinctes à étamines et pistils invisibles.

110ᵉ — Characées.

Un seul genre à plusieurs espèces forme eette famille de plantes aquatiques dont les tiges sont constituées de tubes à rameaux verticillés autour des nœuds, fructifications en granules ou *spores*; *charagne* (*cara*), ruisseaux; elle est connue sous le nom d'*herbe à écurer*, parce que la plante étant incrustée de phosphate de chaux sert à fourbir les ustensiles de cuisine. Odeur fétide et repoussante.

111ᵉ — Équisétacées.

Un seul genre à plusieurs espèces, la *prêle* (*equisetum*), vulgairement *queue-de-cheval*, *queue-de-rat*. Plantes des sols marécageux, racine rampante, tige sillonnée, articulée, souvent munie de rameaux verticillés. Fructifications en chatons qui terminent la tige.

Une espèce, la *prêle des tourneurs*, est employée à polir le bois, parce qu'elle renferme de la silice.

112ᵉ — Fougères.

Plantes terrestres vivaces, à tige souterraine, rameaux foliacés, nommés *frondes*, naissant en rosette; fructification en capsules ou *sporanges* sur les nervures ou vers les bords des feuilles à la face inférieure, quelquefois en épi terminal.

4 { Bord de la fronde replié et recouvrant les groupes..   **5**
   Non. **7**

5 { Groupes pourvus d'un tégument particulier en outre du rebord de la feuille, *Struthioptère* ; Vosges.
   Groupes dépourvus de tégument particulier. **6**

6 { Groupes disposés en ligne, *Allosore* ; rochers des montagnes.
   Groupes arrondis, *Cheilanthe* ; rochers du Midi.

7 { Groupes formant des lignes sur le bord de la fronde et pourvus d'un tégument continu avec ce bord.   **8**
   Groupes épars ou disposés régulièrement sur le disque de la fronde, tégument non continu avec le bord.   **9**

8 { Groupes bordant la fronde en ligne continue, comme un ourlet, *Aquiline* (*Pteris*, *Fougère commune*). Si on coupe obliquement la partie du pétiole enfoncée en terre, les fibres de la section figurent l'aigle à deux têtes ; champs stériles.
   Groupes linéaires non continus, *Capillaires* (*Adianthum*) ; grottes humides et fontaines.

9 { Groupes linéaires, au moins dans le jeune âge. . . .   **10**
   Groupes arrondis ou oblongs. **12**

10 { Fronde simple, cordiforme à la base, lancéolée au sommet, *Scolopendre* (*Langue-de-cerf*) ; rochers ombragés.
   Fronde à segments latéraux. **11**

11 { Segments garnis de leurs groupes parallèles à la nervure médiane, *Blechne* ; bois montueux.
   Groupes épars sur la fronde, *Doradille* (*Asplenium*) ; div. esp., rochers, vieux murs.

12 { Tégument en forme de bouclier ou d'écaille lancéolée. **13**
   Tégument en forme de coupe dentelée sur les bords et situé sous les groupes, *Wodsie* ; hautes montagnes.

13 { Tégument en bouclier réniforme ou orbiculaire, plus ou moins sensiblement pédiculé........ 14
Tégument sessile, fixé par sa base ou l'un des côtés. 15

14 { Tégument réniforme s'insérant sur un pédicule étroit qui répond à l'échancrure, *Polystic*; pl. esp. parmi lesquelles la *Fougère mâle*, vermifuge ; bois humides.
Tégument orbiculaire fixé par un pédicule central, *Aspidie;* pl. esp., bois et coteaux boisés.

15 { Tégument adhérent par la face postérieure et libre par son sommet et ses côtés, *Cystopteris*; rochers des montagnes.
Tégument adhérent par son côté externe, s'ouvrant longitudinalement par le côté interne, *Althyrie* (vulgairement *Fougère femelle*); lieux ombragés.

16 { Groupes arrondis, *Polypode*; pl. esp. dont une sur les vieux arbres nommée *Réglisse des bois.*
Groupes linéaires ou oblongs............... 17

17 { Fronde couverte en dessous de poils écailleux roussâtres............................ 18
Non, *Grammite*, plante très-grêle, Midi.

18 { Fronde à divisions latérales alternes, *Cétérach* ; murs, rochers, Midi.
Fronde à divisions opposées, *Notochlène* ; rochers, Midi.

19 { Sporanges disposés en épi linéaire à deux rangs, fronde entière, *Ophioglosse* (*Langue-de-serpent*); prés humides.
Sporanges disposés en panicule, fronde ailée.... 20

20 { Fructifications terminant la fronde, *Osmonde* ; marais, bord des eaux.
Fructifications portées sur un rameau distinct de la fronde, *Botryche* ; gazons des montagnes.

Les couches de houille sont principalement formées de fougères qui, à l'époque de leur végétation,
atteignaient de fortes proportions.

113ᵉ — Marsiléacées.

Plantes aquatiques vivaces à souches rampantes,
feuilles pourvues de stigmates, enroulées en crosse
avant leur développement; fructifications ou sporanges situées à la base des feuilles.

1 {
Feuilles avec limbe à 4 folioles ou lobes disposés en
croix, *Marsilée*; rivières et marais.
Feuilles dépourvues de limbe, *Pilulaire*; marais.

114ᵉ — Salviniées.

Herbes nageantes, tige flexueuse filiforme, feuilles
alternes, imbriquées; sporanges agrégés au sommet d'un axe en massue. Un seul genre, *salvinie*; eaux
stagnantes.

115ᵉ — Isoètes.

Un seul genre, *isoète*; plante aquatique vivant au
fond des lacs. Tige presque nulle aplatie en disque
charnu, feuilles nombreuses, simples, étroites; fructifications fixées à la base creusée et élargie des
feuilles.

116ᵉ — Lycopodiacées.

Un seul genre, *lycopode*; diverses espèces. Plantes
terrestres herbacées; tige dressée ou couchée, garnie de petites feuilles insérées en spirale, souvent
serrées, imbriquées; fructifications en spores dispo-

sées sur toute la longeur de la tige ou vers le sommet seulement; pâturages et bruyères des montagnes.

Les spores pulvérulents sont employés en pharmacie pour rouler les pilules.

3ᵉ CLASSE — ACOTYLÉDONES CELLULAIRES

Végétaux dépourvus de vaisseaux et formés seulement de cellules.

117ᵉ — Mousses.

Famille très-nombreuse de petites plantes à feuilles menues formant un gazon moelleux. Par le renouvellement de leurs générations successives, elles forment une couche de terreau qui fertilise le sol.

Elles se multiplient par des sporanges contenus dans une *urne* supportée par un pédicelle nommé *soie*. Très-nombreux genres.

118ᵉ — Hépatiques.

Plantes en forme de croûtes foliacées ou pourvues d'un axe chargé de petites feuilles, tapissant les lieux humides; sporanges enfoncés dans la fronde ou légèrement saillants au-dessus.

119ᵉ — Lichens.

Végétaux membraneux coriaces formant des plaques sur les pierres, de petits buissons secs, ou des espèces de mousses sur les arbres. Les organes de fructification sont contenus dans des réceptacles ouverts ou clos par une membrane.

Genres nombreux, dont quelques-uns sont utilisés pour la teinture, d'autres en médecine comme pectoraux, d'autres pour la nourriture par la matière féculente qu'ils renferment.

120° — Hypoxylées.

Nombreuses espèces intermédiaires aux lichens et aux champignons, croissant sur d'autres végétaux morts ou vivants, mais à l'époque où ils commencent à dépérir.

121° — Champignons.

Végétaux mous, spongieux, vivant sur les corps organisés et poussant très-rapidement; se reproduisant par des filaments floconneux qu'on nomme *blanc de champignon.*

Quelques-uns sont comestibles, comme les *morilles,* les *bolets* et les *agarics;* d'autres sont très-vénéneux.

122° — Lycoperdacées.

Cette famille renferme la *truffe* comestible et le *lycoperdon,* vulgairement *vesse-de-loup,* formant une espèce de poche fermée, remplie d'une poussière verte ou brunâtre.

123° — Urédinées.

Productions parasites en forme de poussière, poussant sur la tige ou les grains d'autres végétaux, comme le *charbon, carie,* ou *nielle* des céréales.

124e — Mucédinées.

Tubes simples ou rameux se développant à la surface des corps organisés qui commencent à se dé-
composer, comme les moisissures.

125e — Algues.

Végétaux de consistance membraneuse et gélati-
neuse, conformés en fils, en lames ou en feuilles, vivant sur la terre humide ou dans les eaux, comme :
les *varecs,* les *laminaires,* les *floridées,* dans les eaux
marines, utilisés pour l'amendement des terres ;
les *conjugués,* les *conferves,* dans les eaux douces ; les
nostocs sur le sol ou les pierres humides, se desséchant
au soleil et reprenant leur élasticité par la pluie.

TABLE ALPHABÉTIQUE DES FAMILLES

TABLE DES GENRES

AVEC NUMÉROS D'ORDRE DE LA FAMILLE A LAQUELLE
ILS APPARTIENNENT.

Les noms communs sont en caractères ordinaires, les noms latins en italique.

A

	Familles		Familles
Abies	93	*Alnus*	92
Abricotier	33	*Alopécurus*	109
Abutilon	18	*Althea*	18
Acanthe	73	Althénie	96
Acer	19	Alysson	5
Ache	49	Amandier	32
Achillée	57	Amarante	49
Aconit	1	Amaranthe	80
Acore	105	Amaryllis	99
Actée	1	Ambrosie	57
Adénocarpe	32	Amélanchier	33
Adonide	1	Ammi	49
Adoxe	50	*Amygdalus*	33
Aethionème	5	Anacycle	57
Agripaume	74	*Anagallis*	76
Agrostide	109	Anagyre	32
Aigremoine	33	Anarrhine	71
Ail	101	*Anchusa*	69
Aira	109	Ancolie	1
Airelle	59	Andromède	60
Ajonc	32	*Andropogon*	109
Ajuga	74	Androsace	76
Alchimille	33	Androsème	15
Aldrovende	10	Andryale	57
Aliboufier	63	Anémone	1
Alisier	33	Aneth	49
Alisma	95	Angélique	49
Alliaire	5	Ansérine	81
Anthémis	57	*Anthémis*	57
Allium	101	Anthéric	101
Allosore	112	Anthrisque	49

12.

VOCABULAIRE
DES MOTS TECHNIQUES

Tous les termes employés dans les clés analytiques pour la détermination des plantes sont expliqués dans la partie descriptive de la Flore. Toutefois, pour la facilité des recherches, on trouvera dans ce dictionnaire les mots qui peuvent embarrasser les débutants avec renvoi à la page où figure l'explication.

MÊME LIBRAIRIE

OUVRAGES DE M. ALEXANDRE ASSIER.

Fables, Poési · **Compliments.** *Cinquième édition.* 1 volume in-18, cap· .... » 50 c.

Premières notions de Grammaire. *Quatrième édition.* 1 volume in-18, cartonné.......................... » 50 c.

Premières notions d'Arithmétique, avec nombreux exercices. *Quatrième édition.* 1 volume in-18, cartonné..... » 50 c.

Lectures-dictées, suivies de modèles d'analyse. 1 volume in-12, cartonné................................. » 59 c.

Atlas élémentaire. *Septième édition*, cartonné...... » 75 c.

Histoire sainte, suivie d'un tableau synoptique. *Quatrième édition.* 1 volume in-18, cartonné................ » 50 c.

Histoire de France, suivie d'un tableau synoptique. *Quatrième édition.* 1 volume in-18, cartonné.............. » 50 c.

Tenue des livres, divisée en trois parties : 1° Brouil... ; Joi... ; nal ; 3° Grand-Livre. *Troisième édition.* 3 broch. in-12... 1 fr. »

Boîte monétaire auxiliaire à la méthode............. 4 fr. »

Géométrie élémentaire, par M. G. Bovier-Lapierre, *Deuxième édition.* 1 volume in-12, cartonné............... 1 fr. 60

Géométrie simplifiée. *Deuxième édition*, par le même. 1 volu e in-12, cartonné................................. » 70

Leçons et Exercices d'analyse grammaticale, par M. Adric Guerrier de Haupt. 1 volume in-12, cartonné...... 1 fr. 40

Petite Histoire de France, par M. J. Simonet. 1 volume in-12, cartonné................................. » 75 c.

Le Village, livre de lecture faisant suite aux tableaux, par M. Anselme. *Septième édition.* 1 vol. in-18, cart. » 45 c.

MONITEUR DES ÉCOLES.

Afin de rendre accessible à tous l'excellente collection des cinq années du *Moniteur des écoles*, nous en avons baissé le prix. Le lecteur pourra se procurer à son gré chacune des années séparément ou la collection entière.

1re et 2e années (chacune 12 nos). 1 vol. grand in-8, br. 2 50

3e année (24 nos). 1 volume grand in-8, broché........ 2 50

4e année (24 nos). 1 volume grand in-8, broché........ 2 50

5e année (24 nos). 1 volume grand in-8, broché........ 2 50

Paris. — Imp. E. Capiomont et V. Renault, rue des Poitevins, 6.

www.ingramcontent.com/pod-product-compliance
Lightning Source LLC
Chambersburg PA
CBHW070511200326
41519CB00013B/2776